U0198148

开发者书库

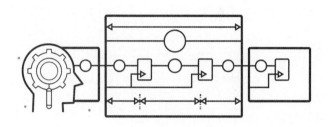

FPGA
时序约束与分析

吴厚航 ◎ 编著

清华大学出版社
北京

内 容 简 介

本书首先介绍时序约束相关的基本概念；然后从时钟、建立时间和保持时间等概念入手，详细地阐述时序分析理论中的基本时序路径；随后结合实际的约束语法，对主时钟约束、虚拟时钟约束、时钟特性约束、衍生时钟约束、I/O 接口约束、多周期约束、虚假路径约束、最大/最小延时约束等进行详细的介绍，除基本理论与约束语法的解释说明外，还提供了丰富的语法使用实例、工具使用实例以及工程应用实例。

时序约束与分析是 FPGA 开发设计必须掌握的高级技能，通过本书基础理论与工程实例的结合，相信能够帮助广大的 FPGA 学习者快速掌握这项技能并学以致用。

本书适合作为从事 FPGA 开发的工程师或研究人员的参考书籍，也可作为高等院校相关专业 FPGA 课程的教材。

图书在版编目（CIP）数据

FPGA 时序约束与分析/吴厚航编著. —北京：清华大学出版社，2022.1(2024.10重印)
（清华开发者书库）
ISBN 978-7-302-59749-0

Ⅰ．①F… Ⅱ．①吴… Ⅲ．①可编程序逻辑器件－系统设计 Ⅳ．①TP332.1

中国版本图书馆 CIP 数据核字(2021)第 262090 号

责任编辑：刘　星
封面设计：刘　键
责任校对：刘玉霞
责任印制：刘海龙

出版发行：清华大学出版社
　　　　　网　　址：https://www.tup.com.cn, https://www.wqxuetang.com
　　　　　地　　址：北京清华大学学研大厦 A 座　　　邮　　编：100084
　　　　　社 总 机：010-83470000　　　　　　　　　邮　　购：010-62786544
　　　　　投稿与读者服务：010-62776969，c-service@tup.tsinghua.edu.cn
　　　　　质量反馈：010-62772015，zhiliang@tup.tsinghua.edu.cn
　　　　　课件下载：https://www.tup.com.cn, 010-83470236
印 装 者：三河市君旺印务有限公司
经　　销：全国新华书店
开　　本：186mm×240mm　　印　　张：11.25　　　　字　　数：254 千字
版　　次：2022 年 1 月第 1 版　　　　　　　　　　印　　次：2024 年 10 月第 7 次印刷
印　　数：9501～10700
定　　价：69.00 元

产品编号：092723-01

序 约束好你的电路

从 1984 年发明 FPGA，到集成处理器的 Zynq 系列平台，再到 2018 年推出的 ACAP 平台，2019 年推出的 Vitis 开放工具链，Xilinx 一直引领着 FPGA 器件和 EDA 工具技术的发展。近几年随着 Vitis、Alveo 等计算加速平台的推出，我们感受到工具对软件开发者越来越友好，没有任何 FPGA 开发经验的工程师也可以在 Xilinx 自适应计算平台上进行应用开发。同时，在 Xilinx 的 Vivado ML 2021 版本的 FPGA 后端实现中已经加入了机器学习的算法，以帮助开发者更好地完成复杂设计的布局布线和时序分析。这可能会给大家带来一种"错觉"，是不是将来的 FPGA 开发与软件开发完全一样了？不需要了解任何底层硬件也可以实现最优的 FPGA 设计？

其实新的工具链更多的只是帮助软件开发者加速算法的实现，其中的 IP 优化还是需要通过每个时钟节拍进行分析和调试才能达到最优性能。例如 Xilinx 的 Alveo 加速卡，就是利用 DFX 技术将 PCIE、DMA 等常用的 IP 进行优化后固定在 FPGA 逻辑中以达到最优的性能，这背后调用着资深 FPGA 工程师完成的各种设计约束文件。因此，虽然现在 FPGA 上的开发已经不需要所有人关注时序、接口等约束的细节，但是对于真正优秀的项目，要达到最优的成本性能比，仍然需要对其 FPGA 设计进行多轮的时序优化。

时序是数字电路中最关键的概念，时序约束是保证整个系统工作的基本规则，类似于交通灯的作用。在简单逻辑实现的时候，我们只需要组合逻辑，也就是可以没有交通灯。可一旦路口较多，车流量很大，即电路逻辑一旦复杂，就需要交通灯来控制协调，保证每个时序节拍完成一定的工作，加快执行效率，否则整个交通（电路）的效率就会被最慢的堵塞路径降低了。同时在 FPGA 中有极其丰富的触发器(FF)资源和布线路径资源，这也为优化时序电路提供了天然的资源，通过插入 FF 流水线等时序电路的技术，可以大幅提高整体电路设计的性能。

特权同学（吴厚航）的这本书从为什么要有时序约束入手，结合多年工程实践经验，经过整理总结，讨论分析了建立和保持时间、I/O 时序约束、多周期路径约束等常见的时序约束，同时也包括了欠约束、虚假约束等不常被新手注意或深入理解的约束设计。书稿继续保持了特权同学著作的一贯特点——注重实操，通过图片、示例、报告分析等手把手地将知识点传授给读者。

　　非常钦佩特权同学在繁忙的工作之余,继续为社区广大 FPGA 爱好者提供如此"干货"的学习资料,对于真正想了解 FPGA 设计、优化 FPGA 设计的读者而言,认真地掌握和理解这些约束是大有裨益的。这本书不仅适合 FPGA 硬件电路开发者学习,对于在 FPGA 上利用高层工具进行算法实现、应用开发的工程师,不妨也读读此书,有助于在软件应用设计的同时也能感受到时钟和时序的跳动,知己知彼方能达到最优化的系统性能。

陆佳华

Xilinx 大中华区教育与创新生态高级经理

2021 年 8 月于上海

序 精雕细琢出工匠

与厚航共事近十年，一起研发了数款获得巨大商业成功的医疗影像产品。厚航在工作中勤勤恳恳、高度自律，专注技术、潜心钻研，且总是积极乐观地面对一切挑战，工作质量无可挑剔；在日常交往中，厚航待人温和谦让，不计较个人得失，让人如沐春风。有幸为厚航精心创作的图书写序言，我感到非常自豪。

伴随近些年的很多热门应用，FPGA 技术逐步火热起来，相关书籍汗牛充栋，但大多是对芯片数据手册、应用笔记的翻译与扩充。FPGA 时序约束与分析虽然很重要，但鲜有关注者，厚航将自己这方面多年的工程实践经验和心得汇集、提炼成册，丰富了技术人员的学习资源。

FPGA 时序约束与分析是一项细致、精深且烦琐的工作。很多设计者虽然知道时序分析的概念，但由于理解不够透彻，在面对复杂多变的实际工程应用时无法融会贯通，往往生搬硬套某些参考设计或仅做一些基本的时序约束，无法全面准确地进行时序约束与分析。在大多数情况下，这样的设计也能工作，但其稳定性、鲁棒性可能就不尽如人意了，产品档次也一落千丈。本书文笔清新、引人入胜，在介绍略显枯燥的理论知识的同时，配套大量简单易懂的工具以及工程应用实例，帮助读者充分理解和掌握基本知识点，达到学以致用的目的。

中国目前正面临全球贸易摩擦的挑战，为了确保经济持续发展，国家大力提倡产业升级，其核心是技术升级，亦即技术创新与自主知识产权。要成功实现这个目标，需要一大批像厚航这样踏实肯干、勤学上进的技术专家在各个领域刻苦耕耘、厚积薄发，把技术细节打磨到极致，不断研发出创新、高品质的高科技产品。作为一本呕心沥血之作，希望本书能在中国电子技术领域影响一批人，给当下浮躁的社会带来一股潜心钻研技术的清风，促进国内涌现出更多优秀的技术专家。

王贵建

资阳联耀医疗器械有限公司董事长、创始人

2021 年 8 月于上海

前　言

基于 FPGA 的时序约束与分析是 FPGA 开发设计过程中一项必备的技能,却一直被很多 FPGA 学习者甚至 FPGA 工程师视为难以企及的高级技能。FPGA 器件厂商虽然提供了大量的用户手册对时序理论和时序工具进行详细的说明,却鲜有深入结合具体项目应用的案例。FPGA 时序理论本身相对枯燥乏味,这种小众技能在市面上可供参考的书籍也寥寥无几。

笔者从事 FPGA 相关开发工作已十余年,由于产品的特殊性,项目周期都相对较长,而当每次需要使用 FPGA 时序理论进行约束与分析时,某些技术要点的应用已不复记忆,还要在一堆 FPGA 器件厂商的时序设计资料中翻阅参考,极为不便且低效。鉴于此,近年来一直希望能抽空系统性地将时序理论重新梳理,并结合实践整理出一些常见的时序模型,将一些时序约束的计算公式具体化,以方便自己的工作。与此同时,也希望能将书中这些实践总结归纳出的基本的时序约束与分析方法分享给广大的 FPGA 工程师,帮助大家快速掌握这项技能,学以致用,更高效地做出稳定可靠的产品。

本书共 9 章。第 1 章是基本的时序约束概述,帮助读者了解一些时序相关的基本概念;第 2 章从时钟、建立时间和保持时间等概念入手,详细地阐述时序分析理论中最基本的时序路径;第 3~9 章结合实际的约束语法,对主时钟约束、虚拟时钟约束、时钟特性约束、衍生时钟约束、I/O 接口约束、时序例外约束、多周期约束、虚假路径约束、最大/最小延时约束等进行详细的介绍,除基本理论与约束语法的解释说明外,还提供了丰富的语法使用实例、工具使用实例以及具体的应用实例。

补充资源

- 作者为本书部分内容录制的视频在 bilibili 网站中分享(持续更新中),链接地址见补充资源;
- 后续本书勘误等资料可扫描下方二维码查看;
- 更多内容可关注作者公众号中的信息。

补充资源

为了能够将时序理论更通俗易懂地介绍给读者，特意邀请了多位不同技术背景的朋友们一同参与本书的审校。非常感谢校友姚利华、前同事易勇军、邱璇老师，他们牺牲了宝贵的业余时间，为本书提出了很多技术细节以及文字语法方面的修改建议，本书的顺利出版离不开他们。

最后，要特别感谢为本书作序的 Xilinx 大中华区教育与创新生态高级经理陆佳华以及联耀医疗的创始人王贵建，二位能为本书作序，深感荣幸。尤其是我多年的上司王贵建，他对技术的执着认真和深刻见解，以及工作中不断的推动和激励，促使我的技术之路能持续上行。

吴厚航

2021 年 8 月于上海

目 录

第 1 章

时序约束概述

1.1 什么是时序约束

在很多 FPGA 初学者甚至是一些初级的 FPGA 工程师眼里,FPGA 的开发就是建个工程、写写代码、分配引脚、编译、然后上板调试看结果而已。一些相对简单的 FPGA 工程,姑且可以这么糊弄过去;但是稍微复杂一点的设计,这么开发起来就会显得极其低效和不专业;对于稍具规模的复杂工程,这样更是行不通的。

如图 1.1 所示,在 FPGA 的基本开发流程中,设计仿真和设计约束必不可少,可以说它们是 FPGA 设计中的重点和难点。

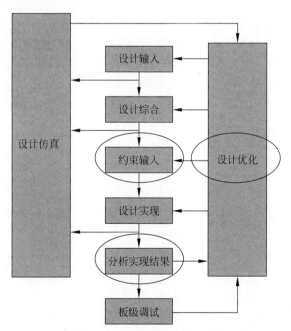

图 1.1 FPGA 基本开发流程

设计仿真难在环境的搭建、库的编译和配置(很多初学者往往止步于此),而仿真的有效性和准确性也是设计者开发功底的体现,一个好的设计就一定要配套好的仿真测试平台,以确保设计验证的快速高效。

设计约束涉及 FPGA 开发流程中的"约束输入""分析实现结果""设计优化"等环节,设计约束定义了设计工程在编译过程中为了实现最终的板级功能所需达到的设计要求。设计约束主要分为物理约束和时序约束。

物理约束主要包括 I/O 接口约束(如引脚分配、电平标准设定等物理属性的约束)、布局约束、布线约束以及配置约束。I/O 接口的物理约束以及配置相关的物理约束,是设计中常用到的约束,但约束的方式和原理都相对简单易懂。对于布局约束或布线约束来说,只要掌握基本的方法和技巧,就能够在实际需要时进行应用。说得直白一些,物理约束无非就是一些位置定义和功能开关的设定,相对直观可视,不涉及很深的理论知识,易于理解和掌握。

时序约束则是涉及 FPGA 内部的各种逻辑或走线的延时,反应系统的频率和速度的约束。谈论处理器的处理性能时,常常会提到主频(主时钟频率)这个参数,它是一个很重要的指标,对 FPGA 器件来说也是一样的。现代 FPGA 设计,绝大多数功能是以时序逻辑实现的,也就是通过时钟触发工作,所以时钟频率的高低也是衡量 FPGA 处理能力的一个很重要的指标(但不是唯一指标),这个时钟频率的要求就是通过时序约束实现的。时序约束的目的很简单,让 FPGA 编译工具合理地调配 FPGA 内部有限的布局布线资源,尽可能地满足设计者设定的所有时序要求(主要是将走线、逻辑电路等产生的延时限制在指定的范围内)。

没有任何功能逻辑的 FPGA 器件,其内部结构就好比一块尚未焊接元器件的 PCB (Printed Circuit Board),而设计者为项目量身定制的 FPGA 逻辑功能就好比 PCB 上的电阻、电容、芯片等各样元器件。PCB 通过导线将具有相关电气特性的信号相连接,这些电气信号在 PCB 上进行走线传输时势必会产生一定的传播延时(一般定义为 0.17ns/in,1in=2.54cm)。FPGA 内部也有非常丰富的可配置的布线资源,用于 FPGA 内部各个逻辑节点的导通,这些走线和 PCB 的走线一样,也会由于走线的长短不同而产生或大或小的传输延时(简称"走线延时")。PCB 上的信号通过任何一个元器件时(哪怕只是一个小小的电阻或电容)都会产生一定的延时,FPGA 的信号通过逻辑门电路进行各种运算处理时也会产生延时(简称"门延时")。在半导体工艺发展的早期,门延时远大于走线延时,以至于走线延时可以忽略不计,但在进入深亚微米乃至纳米工艺之后,门延时被不断地优化降低,使得今天的芯片和 FPGA 设计中,走线延时也成为不可忽略的延时"大头"。那么,问题来了,一个信号从 FPGA 的一端输入,经过一定的逻辑门电路处理后从 FPGA 的另一端输出,这期间会产生多大的延时呢?一组总线的多个信号从 FPGA 的一端输入,经过一定的逻辑门电路处理后从 FPGA 的另一端输出,这条总线的各个信号的延时一致吗?之所以需要关心这些问题,是因为过长的延时或者一条总线多个信号传输延时的不一致,不仅会影响 FPGA 本身的性能(能够使用的最高时钟频率和所使用的时钟频率是否能正常工作),而且也会给 FPGA 之外的电路或者系统带来诸多的问题。

在 FPGA 器件中需要进行时序约束与分析,也正是基于上述这些问题的考虑。FPGA 的时序分析与约束,通俗的理解,可以定义为:**设计者根据实际的系统功能,通过时序约束的方式提出时序要求;FPGA 编译工具根据设计者的时序要求,进行布局布线;编译完成后,FPGA 编译工具还需要针对布局布线的结果,套用特定的时序模型(FPGA 器件厂商能够使用这样的模型,对 FPGA 布局布线后的每一个逻辑电路和走线计算出延时信息),给出最终的时序分析和报告;设计者通过查看时序报告,确认布局布线后的时序结果是否满足设计要求。**

下面举一个最简单的例子说明时序约束与分析的基本概念。如图 1.2 所示,假设信号从 FPGA 的一侧输入,在 FPGA 内部经过一些逻辑处理(产生逻辑延时)和走线连接(产生走线延时),最终从 FPGA 的另一侧输出,图中给出了多条可能实现该功能的路径。遍历所有可能的路径,可以算得延时分别为 14ns,24ns,15ns,16ns,21ns,17ns,18ns。可以把这些路径上的圆形节点认为是 FPGA 中所需的逻辑单元及其布局,两个节点之间或输入/输出端口与节点之间的连线认为是 FPGA 中的走线。这么多的布局布线方式,如果设计者不对 FPGA 提出约束要求,告诉 FPGA 编译工具设计者所期望的目标延时(时序要求),那么默认情况下,FPGA 编译工具很可能就随便找一条路径进行布局布线了。如果实际上设计者对此系统的延时是有一定要求的,如延时必须不高于 15ns。那么如果运气好,FPGA 编译工具选择了 14ns 或 15ns 这两条最短延时路径,系统尚且可以正常稳定地工作;但是,按概率算也还有 2/3 的可能性,FPGA 编译工具会选择大于 15ns 的另外 4 条路径,此时设计者的实际延时要求将无法得到满足。所以,**在对系统延时(时序)有要求的情况下,不能指望 FPGA 编译工具自己"猜测"或靠"碰运气"保证系统延时要求得到满足。需要将对系统的所有时序要求通过时序约束的方式告诉 FPGA 编译工具。这样,FPGA 编译工具工作起来就会有的放矢。而且布局布线结束后,也可以通过查看开发工具给出的时序分析报告确认时序要求执行的状况。这正是对 FPGA 设计进行时序约束和时序分析的意义所在。**

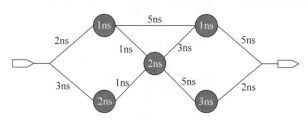

图 1.2 单一功能路径实例

1.2 为什么要做时序约束

由于 Xilinx 的 Vivado 集成开发环境在综合(Synthesis)以及实现(Implementation)过程中的编译算法是基于时序驱动(即设计者给 Vivado 软件输入的设计时序约束)的,这就要求设计者在开发过程中创建合适的时序约束。**没有任何设计约束的工程,编译器工作时就**

如同"脱缰的野马"般漫无目的且随意任性；但是，任何的设计过约束（Over-constraining，约束过于严格，超过实际设计的要求）或欠约束（Under-constraining，设计过于松散，低于实际设计的要求），都可能导致时序难以收敛（即难以达到设计要求）。因此，为了达到特定应用的设计要求，设计者必须设定合理的时序约束。

回到上面给出的这个简单的例子，有人可能提出疑问，时序工具为何这么傻呢？可以默认选择性能最好（延时最短）的布局布线路径，这样就省得设计者自己添加约束了，多省事。但理想是丰满的，现实却是骨感的。殊不知 FPGA 器件的布局布线资源总是有限的，对于单独一条路径的功能实现而言，就如同一辆老爷车独自在三五车道的高速公路上，道路状况极好，老爷车也能轻松跑出极限速度；但是若有百十辆车一起开上来，或许就不能随意了。现实的状况可能就如同假期的高速，虽不至于完全堵塞停滞，但即便你开的是跑车，有限的道路资源也会逼得你慢点开。况且，在这样道路资源受限的条件下，目标是保证所有车辆都安全、准时地到达目的地，而这同样也是 FPGA 时序设计希望达到的目标。

下面再来看一个例子，如图 1.3 所示，假设有 4 个输入信号，经过 FPGA 内部的一些逻辑处理后到达同一个输出端。FPGA 内部的布线资源有快慢之分，就好比乡间小路、国道和高速公路之分。在这个例子中，假设通过高速走线通道所需要的路径延时是 3～7ns，但只能同时容纳两个信号走线；而通过普通走线通道的路径延时要慢一些，假设是 10ns 以上。我们可能会想，如果 FPGA 内部的资源充分，4 条路径都有"高速走线"可用，那么 4 条路径就都能达到最佳的走线性能，获取最短的走线延时。那么问题就来了，4 条路径对延时的要求有高有低，设计者心里很清楚，但是 FPGA 编译工具却无法知晓设计者的心思，怎么办？解决办法就是通过添加时序约束的方式，把设计者的时序要求准确无误地传达给编译工具。

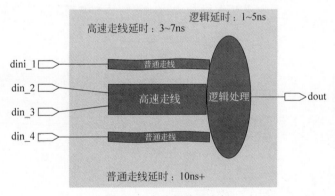

图 1.3 多功能路径实例

先假设，第一回工程编译过程中，不做任何的时序约束。那么，时序工具通常也不会给出任何时序报告供查看。不过，这里先假设，在默认情况下，如图 1.4 所示，离高速走线通道较近的 din_2 和 din_3 路径被分配到了高速走线通道上，而 din_1 和 din_2 则不幸被分配到普通走线通道上。那么当前的 4 个信号在 FPGA 内部的延时分别为：din1＝15ns,din2＝4ns,din3＝6ns,din4＝13ns。

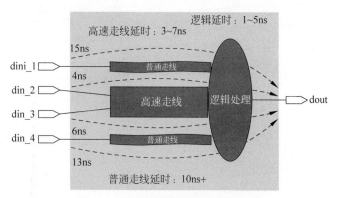

图 1.4 多功能路径的默认布线延时

而实际的系统需求是这样的：din1＜10ns,din2＜10ns,din3＜20ns,din4＜20ns。

从按照默认编译得到的 4 个输入信号的延时情况看,如图 1.5 所示,虽然 din2、din3 和din4 都达到了时序要求,但是 din1 无法满足时序要求,即 din1 出现了时序违规。对于整个设计来说,这个时序违规若出现在一些关键的逻辑上,设计的功能和性能都可能会受到一定的影响。最坏的情况,甚至可能导致系统无法正常工作。而对于一些并不重要的设计逻辑,虽然它有一定的时序要求,但是由于它在系统中的影响和作用非常小,对系统来说无足轻重,那么即便它出现了时序违规,可能也不会对系统正常运行产生影响。对于这类时序违规,虽然暂时不会有什么问题,但是从设计的严谨性来说,也是不允许它存在的,谁知道哪天这个小违规会不会幽灵般地上演一把"千里之堤溃于蚁穴"的故事呢。

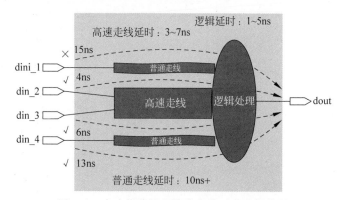

图 1.5 多功能路径的默认布线时序违规情况

如果按照实际需求对 FPGA 进行如下的时序约束：din1＜10ns,din2＜10ns,din3＜20ns,din4＜20ns。接下来,如图 1.6 所示,FPGA 将重新进行布局布线。

由于添加了时序约束,FPGA 编译工具会根据时序要求,重新布局布线。如图 1.7 所

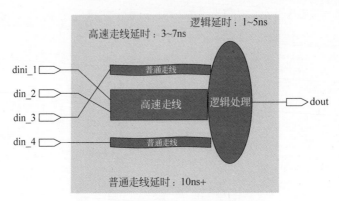

图 1.6　多功能路径的重新布局布线

示,重新布局布线后的路径延时如下：din1＝7ns,din2＝4ns,din3＝18ns,din4＝13ns。显然,FPGA 内部的路径延时全部都能够满足时序要求。

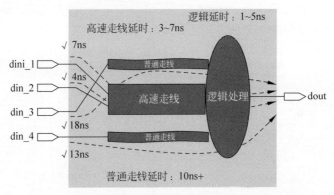

图 1.7　多功能路径的重新布局布线后的时序违规情况

借着这个例子,再延伸扩展一下时序约束过程中的两个常见错误,即欠约束和过约束。**所谓欠约束,就是约束得过松了,约束要求比实际要求低;所谓过约束,就是约束得过紧了,约束要求比实际要求高。**

对于欠约束,如同给自己的目标定低了,结果不用太努力就"及格"了,但实际上我们并没有及格。FPGA 的时序欠约束,就是这个道理,这很可能导致时序没有达到真正的要求。

但对于过约束,我们可能想当然地认为应该不会有什么问题。给时序工具定一个高于实际目标的标准作为约束,时序工具总不会给我一个错误的报告吧,甚至可能即使有错误报告,分数也是超过实际及格线的。当然对于单个约束来说是不会有什么大问题的,但是 FPGA 设计本身是一个系统,各个功能块之间需要相互权衡着瓜分有限的布局布线资源。如果一个功能块的要求定高了,有限的资源都给它占用了,那别的功能块性能势必要受到影响,甚至使其时序不收敛。这就是过约束带来的问题。**最优的设计并不意味着局部的最佳性能,而是一个系统全面的能满足设计要求的尽可能平衡地设计实现。**

回到例子,或许大家可以更直观地理解欠约束和过约束。假设系统实际时序要求是:din1<10ns,din2<10ns,din3<20ns,din4<20ns。

但是下面这两种情况的约束不是完全按照实际系统时序需求约束的,看看这些情况下会出现什么问题。

首先看看欠约束的情况(din1 和 din2 欠约束),添加的约束是:din1<20ns,din2<20ns,din3<20ns,din4<20ns。此时,由于 4 条路径的延时都能够控制在 20ns 要求之内,所以当前的约束都能够达到目标。

但是,相对于实际情况,有以下两种情形。

(1) din1 和 din2 走了高速通道,那么当前约束能够满足实际的时序要求。

(2) din1 和 din2 都没有走高速通道,或者有一条路径走了高速通道,那么就存在 din1 或 din2 路径的时序违规情况,从系统角度看,时序无法完全满足要求。

再看看过约束的情况(din3 和 din4 过约束),添加的约束是:din1<10ns,din2<10ns,din3<10ns,din4<10ns。此时,由于能够走高速通道使得路径延时小于 10ns 的路径只有 2 条,那么无论如何当前的约束都有 2 条无法达到目标。

但是,相对于实际情况,也有以下两种情形。

(1) din1 和 din2 走了高速通道,那么当前约束能够满足实际的时序要求。

(2) din1 和 din2 都没有走高速通道,或者有一条路径走了高速通道,那么就存在 din1 或 din2 路径的时序违规情况,从系统角度看,时序无法完全满足要求。

这个简单的例子只是 FPGA 内部资源在时序约束下相互制衡分配的一个缩影,实际上 FPGA 内部各种资源的利用和分配情况要比这复杂得多,**设计者必须添加最恰当的时序约束,将设计的需求准确地传达给编译工具,这样才有可能指导工具进行资源的合理分配,保证系统的基本性能要求得以实现。**

时序欠约束和时序过约束都是不可取的,设计者应该根据实际的系统要求,添加合适的时序约束(当然有时需要为时序留出一定的余量,适当的过约束是允许的),帮助设计工具达到最佳的时序性能。

1.3　时序约束的基本路径

如图 1.8 所示,FPGA 时序约束所覆盖的时序路径主要有如下 4 类。
- FPGA 内部寄存器之间的时序路径,简称 reg2reg。
- 输入引脚到 FPGA 内部寄存器的时序路径,简称 pin2reg。
- FPGA 内部寄存器到输出引脚的时序路径,简称 reg2pin。
- 输入引脚到输出引脚之间的时序路径(不通过寄存器),简称 pin2pin。

前三类路径和 FPGA 内部的寄存器相关,时序约束需要明确指定图 1.8 中 reg2reg、pin2reg 和 reg2pin 的时间。由于数据采样是由时钟沿触发的,所以这三类路径时序约束的

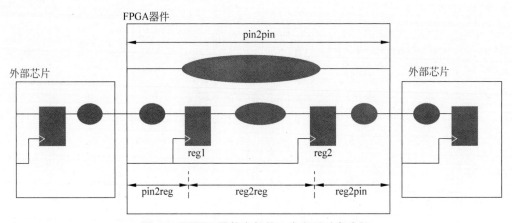

图 1.8　FPGA 器件内部的 4 类主要时序路径

目标是确保数据信号在时钟锁存沿的建立时间和保持时间内是稳定不变的。而最后一类 pin2pin 路径的信号传输通常不通过时钟,因此它的时序约束也相对直接,一般是直接约束 pin2pin 的延时值范围。

1.4　时序约束的基本流程

从整个 FPGA 开发的角度看,时序约束的基本流程如图 1.9 所示。

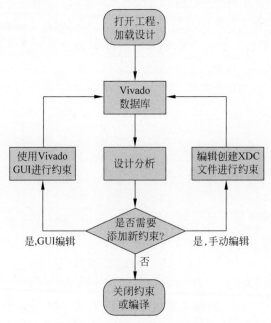

图 1.9　时序约束基本流程

由于最终的设计实现都是在 Vivado 集成开发环境中完成的,因此首先需要在 Vivado 中打开目标设计工程,保证必要的数据库信息的加载。接着对设计工程进行 RTL 分析(可以单击如图 1.10 所示的 RTL ANALYSIS 菜单项),以确保设计源码的输入/输出接口、内部寄存器、网络名等设计信息能被 Vivado 工具初步识别。

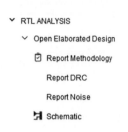

随后,就可以手动编辑 XDC 文件或者在 Vivado 内置 GUI 的界面中添加或修改设计约束了。约束信息编辑修改后,需要让 Vivado 重新加载数据库并执行分析,如此迭代,直至设计约束添加或修改完成。最后就可以执行设计编译,查看根据设计结果生成的时序分析报告,以确认是否满足时序要求。

图 1.10 RTL ANALYSIS 菜单项

从时序约束本身来说,如图 1.11 所示,通常可以分为以下 4 个主要步骤进行,即时钟约束(Create Clock)、输入/输出接口约束(Input/Output Delays,I/O 约束)、时钟分组和跨时钟约束(Clock Groups and CDC)、时序例外约束(Timing Exceptions)。

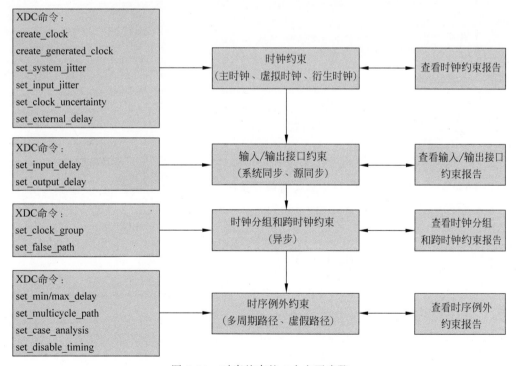

图 1.11 时序约束的 4 个主要步骤

前面两步的时钟约束和输入/输出接口约束是对设计中基本的时序要求进行定义;第三步是对跨时钟域的时序路径进行约束定义,在这一步使用时钟分组(Clock Groups)约束,可以用于忽略不必要的跨时钟域路径之间的时序要求;最后一步是时序例外约束,设计者可以在已有的时序约束基础上,忽略、放宽或缩紧某些路径的时序要求。

以下按照时序约束的编译先后和优先级高低,自上而下地罗列了推荐的设计约束顺序,某些设计约束之间具有一定的引用关联性。例如,一些时钟可能被后续的约束(如 I/O 约束或例外约束)引用,那么这个时钟的约束就一定要在引用它的约束之前被编译。之所以推荐以下这样的设计约束顺序,也是基于这方面的考虑,若设计约束的顺序不合理(如 I/O 约束引用了某个时钟,而这个时钟约束出现在了 I/O 约束之后),则可能导致编译报错。

```
## 时序约束
# Primary clocks
# Virtual clocks
# Generated clocks
# Clock Groups
# Bus Skew constraints
# Input and output delay constraints
## 时序例外约束
# False Paths
# Max Delay / Min Delay
# Multicycle Paths
# Case Analysis
# Disable Timing
## 物理约束
```

1.5   时序约束的主要方法

时序约束的方式主要有两种,即通过 FPGA 开发工具 Vivado 提供的可视化 GUI 进行约束和手动编写约束脚本两种方式。这两种方式都很常用,对于初学者,在对 SDC 约束语法不是很熟悉的情况下,建议多使用 GUI 的方式输入约束,可以避免语法错误而产生的时序约束问题。

1.5.1   使用 GUI 输入约束

在 Vivado 中,若希望使用 GUI 进行时序约束,需要先运行综合(Run Synthesis)编译或实现(Run Implementation)编译后,再进入约束向导(Constraints Wizard)或时序约束编辑(Edit Timing Constraints)的界面进行约束的创建和修改,如图 1.12 所示。

1.5.2   手动输入约束

若使用手动编辑 XDC 文件的方式输入约束脚本,可以直接创建并打开.xdc 文件进行编辑。如图 1.13 所示,在 Vivado 的语法模板(Language Templates)中,提供了 XDC 脚本的基本语法模板,可供借鉴使用。

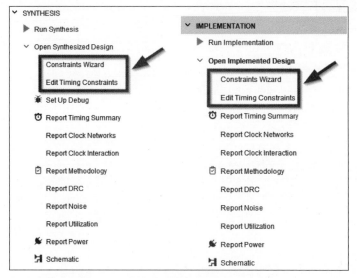

图 1.12 综合与实现菜单中的约束选项

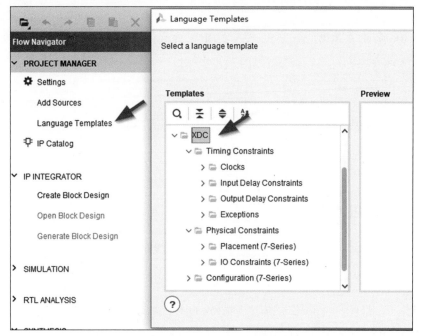

图 1.13 Vivado 的 XDC 语法模板

1.6 约束文件管理

无论是 GUI 方式输入约束还是手动脚本方式输入约束,最终都会生成约束脚本并且存放在后缀为 .xdc(Xilinx Design Constraints)的文件中。如图 1.14 所示,设计者自定义的 .xdc 约束文件通常在 Vivado 的 Sources→Constraints 文件夹下被创建或管理。

如图 1.15 所示,选中 Sources 下的 Constraints 文件夹,右击,在弹出菜单中选择 Add Sources 选项。

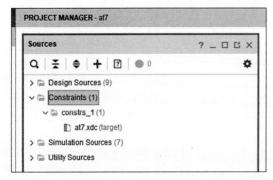

图 1.14 .xdc 文件管理窗口

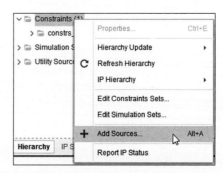

图 1.15 新建 .xdc 文件菜单

如图 1.16 所示,在弹出的 Add Sources 页面中,先确认勾选了 Add or create constraints,再单击 Next 按钮。

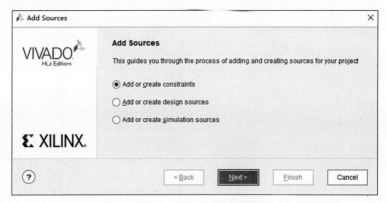

图 1.16 Add Sources 页面

接着会弹出 Add or Create Constraints 页面,如图 1.17 所示,配置完成后单击 Finish 按钮。

- 在 Specify constraint set 后单击下拉框可以创建新的约束文件夹。
- 单击 Add Files 按钮可以添加已有的 .xdc 文件。
- 单击 Create File 按钮可以创建新的约束文件。

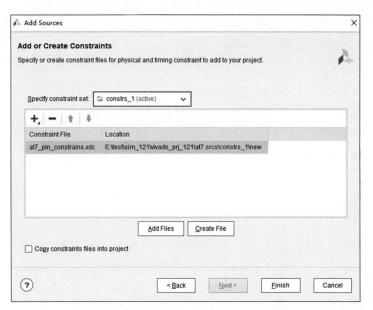

图 1.17 Add or Create Constraints 页面

一个工程中可以包含一个或多个 .xdc 约束文件。通常比较推荐的做法是,使用两个不同的 .xdc 文件分别用于存储物理约束脚本(如 at7_pins.xdc)和时序约束脚本(如 at7_timing.xdc),如图 1.18 所示。当然了,如果设计者把物理约束脚本和时序约束脚本都写到一个 .xdc 文件(如 at7.xdc)中,本身也是没有问题的。

在 Constraints 下有不同的文件夹(如 constrs_1 和 constrs_2),方便对一个工程采取多种不同的约束策略。如果当前 constrs_1 文件是高亮粗体显示,并且有"(active)"的标示,表示这个文件夹包含了当前工程所使用的有效约束文件。若希望启用 constrs_2 文件夹下的约束文件,则如图 1.19 所示,选中 constrs_2 文件夹,右击,在弹出菜单中选择 Make Active 选项即可。

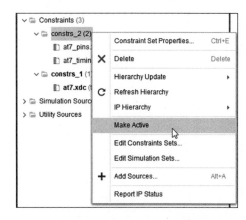

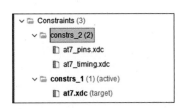

图 1.18 创建多个约束脚本文件 　　　　　图 1.19 启用 constrs_2 文件夹

此时,如图 1.20 所示,可以看到 constrs_2 文件夹及其下的 2 个 .xdc 文件已经被高亮加粗了,表示它们是当前工程所指定的可用约束文件。

至于"(active)"的标示,如图 1.21 所示,在使用新设定的 constrs_2 文件夹进行编译后才会显示出来。

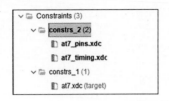

图 1.20　当前可用的 constrs_2 文件夹

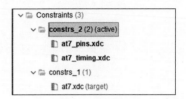

图 1.21　带有 active 图标的 constrs_2 文件夹

如图 1.22 所示,每个 .xdc 的文件属性(Source File Properties)中,可以设定其约束脚本的适用范围(Used In)。通常情况下,如果没有特殊要求,会使用默认的设置,即综合(Synthesis)与实现(Implementation)都勾选上。

若后续在 GUI 中编辑添加一些新的约束脚本,对于文件夹 constrs_2 这样包含了多个 .xdc 文件的情况,则需要事先指定新的约束命令所保存的目标文件。如图 1.23 所示,在希望用于保存 GUI 中新添加约束命令的 .xdc 文件上右击,在弹出菜单中选择 Set as Target Constraint File 选项。

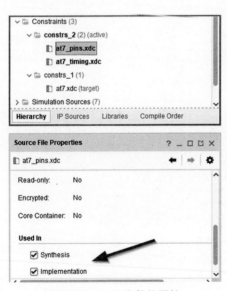

图 1.22　.xdc 文件的属性

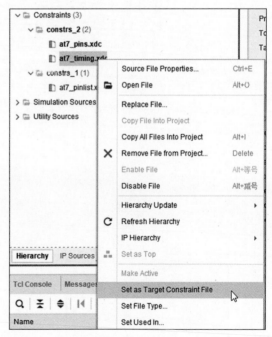

图 1.23　设置目标约束文件菜单

此时,如图 1.24 所示,at7_timing. xdc 文件被标识为 target 了。

在 Vivado 中创建并指定了可用的. xdc 约束文件后,就可以直接编写符合. xdc 文件语法要求的设计约束脚本到. xdc 文件中了;也可以在 Vivado 的物理约束或时序约束可视化编辑界面中添加相关的约束命令,在保存这些设计约束时,Vivado 会自动生成约束脚本写入可用的. xdc 文件中。

设计约束通常根据约束分类或模块划分存储在一个或多个文件中。不论如何对设计约束进行管理,设计者都必须清楚设计约束的具体对象以及它们最终的加载顺序。例如,时钟的时序约束必须在其他约束之前完成,所以设计者必须确保时钟约束在其他约束之前最先被加载。

设计中添加的一些 IP 模块,通常也会包含一些. xdc 约束文件,这些文件在创建 IP 时会自动添加到设计中,并且在设计编译过程中被使用,但通常不会出现在 Sources→Constraints 文件夹下。如图 1.25 所示,这里的一个 Clocking IP,在配置好并添加到设计中后,展开 Sources→IP Sources 面板的 IP 文件夹,可以看到 clk_wiz_0→Synthesis 文件夹下的多个. xdc 文件就是该 IP 的约束文件。

图 1.24　标示 target 的约束文件　　　　图 1.25　IP 的约束文件

第 2 章

基本的时序路径

2.1 时钟的基本概念

2.1.1 时钟定义

同步设计是指电路的状态变化总是由某个周期信号的变化进行触发控制的,这个信号的上升沿和下降沿通常都可以作为电路状态的触发条件。同步设计中这个触发电路状态变化的信号称为时钟。

理想的时钟模型是一个占空比为 50% 且周期固定的方波。如图 2.1 所示,T_{clk} 为一个时钟周期(单位:s,FPGA 的时钟周期一般为 ns 级别),时钟的倒数 $1/T_{clk}$ 即时钟频率(单位:Hz,FPGA 的时钟频率一般为 MHz 级别)。T_1 为高脉冲时间宽度,T_2 为低脉冲时间宽度,$T_{clk} = T_1 + T_2$。时钟信号的高脉冲宽度与周期之比 T_1/T_{clk} 即该时钟信号的占空比。

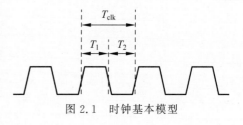

图 2.1 时钟基本模型

时钟频率是 FPGA 设计性能一个很重要的指标,但是单纯的时钟频率并不是衡量设计性能好坏的唯一指标,在 FPGA 设计中并行结构、流水线结构等体系架构方式也是设计性能的重要影响因素。

2.1.2 时钟偏差

时钟如同人体规律跳动的心脏,它的每一个节拍都会有电路信号的变化伴随着。没有了时钟信号,时序电路就停止运转了;时钟信号如果不规律,或伴随噪声,就有可能打乱电路运转时序,使设计失去既定的功能和性能。FPGA 设计最基本的时钟源通常来自外部晶振,它能提供相对稳定的周期性波形,FPGA 内部也集成了 PLL 等时钟管理模块,能够对基准时钟做分频和倍频。FPGA 的时序分析中,数据路径的起始和终结都是时钟沿,时钟周期作为一个标准的时间基准,它的准确性显得尤为重要。无论是来自外部晶振的时钟信号,还是在 FPGA 内部经过 PLL 产生的时钟信号,它们的周期都无法保证绝对的精准,影响时钟周期准确性的因素有很多,如材料、工艺、温度以及各种噪声等。由 FPGA 内部集成的 PLL 产生的时钟信号,FPGA 编译工具在做时序分析时可以直接套用既有的模型给出时钟的偏差参数,作为一部分需要预留的时序余量计算在内。而外部晶振所产生的时钟信号,设计者需要指定相关的时钟偏差参数,以时序约束的方式告知 FPGA 编译工具。FPGA 的基准时钟一般都是由外部晶振输入的,所以这个晶振的偏差参数如何获取和计算,就显得尤为重要。

这里,通过 SiTime 公司的 SiT8021 系列晶振规格书,了解一下影响其精度偏差的几个主要参数。如图 2.2 所示,重点关注时钟精度(Frequency Tolerance)、时钟温漂(Frequency versus Temperature Characteristics)和时钟抖动(Jitter)这几个参数。在不同的晶振规格书中,可能这三个参数的叫法会有所差异,但是其表达的含义基本是一致的。

Parameters	Symbol	Min.	Typ.	Max.	Unit	Condition
Frequency Range						
Output Frequency Range	f	1.000000	–	26.000000	MHz	
Frequency Stability and Aging						
Initial Tolerance	f_tol	-15	–	+15	ppm	Frequency offset at 25°C post reflow
Frequency Stability	f_stab	-100	–	+100	ppm	Inclusive of initial tolerance, and variations over operating temperature -20°C to +70°C or -40°C to +85°C, rated power supply voltage and output load
		-50	–	+50	ppm	Inclusive of initial tolerance, and variations over operating temperature -20°C to +70°C, rated power supply voltage and output load.
First Year Aging	f_1year	-3	–	+3	ppm	at 25°C
Jitter						
RMS Period Jitter[3]	T_jitt	–	75	110	ps	f = 6.144 MHz, Vdd = 1.8V
		–	–	110	ps	f = 6.144 MHz, Vdd = 2.25V to 3.63V

图 2.2　影响时钟精度的主要参数(数据手册截图)

时钟精度一般是在 25℃ 下测量的时钟相对于标准频率的偏差,单位是 ppm(百万分之一),如该规格书中 Initial Tolerance 一行,就是该系列时钟的精度,即 ±15ppm。简单的理解,15ppm 就意味着每秒会产生 15μs 的偏差。如果时钟频率是 25MHz,周期为 1/25MHz＝40ns,那么每个时钟周期产生的精度偏差值就是 40ns×(±15/1000000)＝0.6ps。

由于晶振材料和工艺的限制,致使时钟在不同的温度下精度会有较大的偏差,这种精度偏差通常称为时钟温漂。单位一般也是 ppm,如该规格书中 Frequency Stability 一行,就是该系列时钟的温漂,有 ±50ppm 和 ±100ppm 两种规格。如果时钟频率是 25MHz,并且选择了 ±100ppm 的型号,那么每个时钟周期由于温漂所产生的精度偏差值就是 40ns×(±100/1000000)＝4ps。

前面两个参数对于一般的 FPGA 应用来说,时钟的这点偏差还真的是不足挂齿,大可以忽略不计。但是,若要使用这颗晶振作为几十 Gb 数据传输的基准时钟,那么还是要小心为妙。

最后,再来看看在时序分析中,为外部时钟建模时,对时钟偏差影响最大的参数。如图 2.3 所示,晶振源固有的噪声和干扰通常会带来时钟信号的周期性偏差,称为时钟抖动,其单位一般是 ps。如该规格书中 RMS Periord Jitter 一行,就是该系列时钟的抖动,其最大值是 110ps。

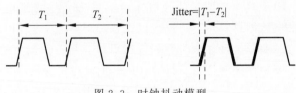

图 2.3 时钟抖动模型

虽然时钟抖动一般都是(ps)级别的,但对于几百 MHz 的时钟频率而言,时钟抖动的占比还是不容忽视的。所以 FPGA 时序分析中,也会将时钟抖动作为时钟不确定性(Uncertainty)的一部分加以约束。

2.2 建立时间与保持时间

所谓建立时间 T_{su},是指在时钟上升沿到来之前数据必须保持稳定的时间;所谓保持时间 T_h,是指在时钟上升沿到来以后数据必须保持稳定的时间。一个数据需要在时钟的上升沿被锁存,那么这个数据就必须在这个时钟上升沿的建立时间和保持时间内保持稳定。换句话说,就是在这段时间内传输的数据不能发生任何的变化。时钟沿与建立时间和保持时间之间的关系如图 2.4 所示。

下面举一个简单的例子让大家对建立时间和保持时间的实际应用有更深刻的理解。这是一个二输入与功能的时序电路,如图 2.5 所示。输入数据 data1 和 data2 会在时钟的上升沿被分别锁存到 reg2 和 reg1 的输出端,然后这两个信号分别经过各自的路径到达与门 and 的输入端,它们相与运算后信号传送到下一级寄存器 reg3 的输入端,对应它们上一次被锁存后的下一个时钟上升沿,reg3 的输入端数据被锁存到了输出端。这个过程是一个典型的寄存器到寄存器的数据传输。下面以此为基础探讨它们需要满足的建立时间和保持时间的关系。

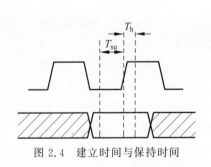

图 2.4 建立时间与保持时间

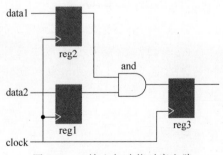

图 2.5 二输入与功能时序电路

如图 2.6 所示,clk 表示时钟源 clock 发出的时钟波形,它要分别到达源寄存器 reg1、reg2 以及目的寄存器 reg3,它们所经过的时间延时是不一样的。因此,看到图 2.6 中时钟到达 reg3 的波形 clk_r3 相对于基准时钟 clk 的波形会略有一些延时。reg1out 和 reg2out

分别是数据 data1 和 data2 被锁存到 reg2 和 reg1 寄存器的波形,reg3in 则是 reg1out 和 reg2out 的波形经过走线延时和门延时后到达 reg3 输入端的波形,而 reg3out 则是 clk_r3 的上升沿采样到 reg3in 数据后,在寄存器输出端的最终波形。

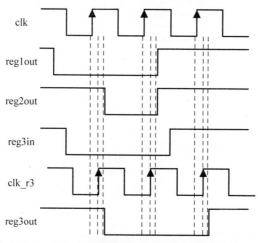

图 2.6 建立时间和保持时间都满足要求的波形

在如图 2.6 所示的这个波形中,可以看到 clk_r3 的每个上升沿前后各有一条虚线,前一条虚线到 clk_r3 时钟上升沿的这段时间即建立时间,clk_r3 时钟上升沿到后一条虚线的这段时间即保持时间。前面对建立时间和保持时间下定义时提到过,在这段时间内数据不能变化,必须保持稳定。在这个波形中,reg3in 的数据在建立时间和保持时间内没有任何变化,因此可以稳定地将 reg3in 的数据锁存到 reg3 的输出 reg3out 中。那么,在这个传输中,我们认为数据的建立时间和保持时间都是满足要求的。

如图 2.7 所示,同样的信号,但我们发现 reg3in 在 clk_r3 的建立时间内发生了变化,这带来的后果就是 clk_r3 上升沿锁存到的 reg3in 数据是不确定的,那么随后的 reg3out 值输出也会处于一个不确定状态。例如第一个时钟周期,原本 reg3in 应该是稳定的低电平,但是由于整个路径上的延时时间过长,导致 reg3in 在 clk_r3 的建立时间内数据还未能稳定下来,在建立时间内电平正处于从高到低的变化,即不稳定的状态,那么导致的后果就是 reg3out 的最终输出不是确定的状态,很可能是忽高忽低的亚稳态,而不是原本期望的低电平。

再来看看保持时间违规的情况,如图 2.8 所示,这次是数据传输得太快了,原本应该下一个时钟周期到达 clk_r3 的数据竟然在 clk_r3 的前一个时钟周期的保持时间还未过去就来到了。因此,它导致的最终结果也是后端输出的 reg3out 处于不确定状态。

前面出现的建立时间或保持时间违规的情况,都会导致数据的误采样,引起功能问题。传输数据在时钟锁存沿的建立时间和保持时间内必须是稳定的,这是时序分析结果满足时序要求的一个最基本的指标。

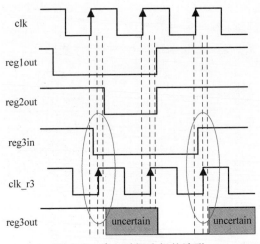

图 2.7　建立时间违规的波形

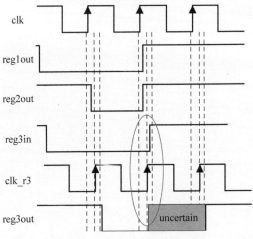

图 2.8　保持时间违规的波形

2.3　寄存器到寄存器的时序路径分析

2.3.1　数据路径和时钟路径

　　reg2reg 路径约束的对象是源寄存器(时序路径的起点)和目的寄存器(时序路径的终点)都在 FPGA 内部的路径。如图 2.9 所示,FPGA 内部圈起来的部分是从一个寄存器到另一个寄存器的数据路径,它们共用一个时钟(当然也有不共用一个时钟的 reg2reg 路径,这种路径的分析会复杂一些,本节只探讨同时钟源的时序路径)。对于 reg2reg 路径,只要告诉 FPGA 编译工具它们的时钟频率(或时钟周期),那么时序设计工具通常就"心领神会"

地将时钟周期、建立时间和保持时间等相关参数代入特定的公式后,计算出这条 reg2reg 路径允许的延时范围,并以此为目标进行布局布线。

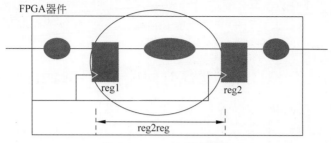

图 2.9　reg2reg 路径模型

如图 2.10 所示,reg2reg 模型中的数据路径(data path)和时钟路径(clock path)清晰明了。所谓数据路径,就是数据在整个传输起点到传输终点所经过的路径;所谓时钟路径,则是指时钟从源端到达源寄存器和目的寄存器的路径。相比于数据路径的"华山一条路",时钟路径通常由时钟源到源寄存器和时钟源到目的寄存器两条路径组成。

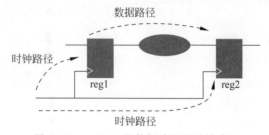

图 2.10　reg2reg 的数据路径和时钟路径

2.3.2　数据到达路径和数据需求路径

如图 2.11 所示,为了便于后续的时序余量分析和计算,提出了数据到达路径(data arrival path)和数据需求路径(data required path)的概念。数据到达路径,是指数据在两个寄存器间传输的实际路径,由此路径可以算出数据在两个寄存器间传输的实际时间;数据需求路径,则是指为了确保稳定、可靠且有效的传输(即满足相应的建立时间和保持时间要

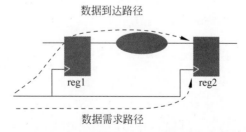

图 2.11　reg2reg 的数据到达路径和数据需求路径

求),数据在两个寄存器间传输的理论所需时间的计算路径。从图 2.11 的示意可以看到,两条路径的传输起点都是时钟源,传输终点都是目的寄存器。数据到达路径包括了数据路径和一条时钟路径(时钟源到源寄存器),这两条路径的总延时就是数据到达时间。而数据需求路径则只有一条从时钟源到目的寄存器的时钟路径,在计算数据需求时间时,应结合寄存器的建立时间和保持时间进行计算。

2.3.3 启动沿、锁存沿、建立时间关系和保持时间关系

在进行数据到达时间和数据需求时间的计算时,还需要先了解启动沿(Launch Edge)和锁存沿(Latch Edge)、建立时间关系(Setup Relationship)、保持时间关系(Hold Relationship)这几个基本概念。

如图 2.12 所示,对于一个寄存器到寄存器的传输,正常情况下,各个寄存器都是在时钟的控制下,每个上升沿锁存一次数据。也就意味着,两个相邻的寄存器,后一级寄存器(目的寄存器)每次锁存的数据应该是前一级寄存器(源寄存器)上一个时钟周期锁存过的数据。基于此,先来讨论建立时间关系。传输到源寄存器的时钟为启动时钟,传输到目的寄存器的时钟为锁存时钟,对应的启动沿从时间上看比锁存沿早一个时钟周期,即它们之间通常是相差一个时钟周期的关系。

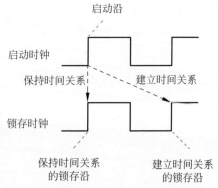

图 2.12 建立时间关系和保持时间关系

再看保持时间关系,启动沿和锁存沿所分别对应的启动时钟和锁存时钟的时钟沿其实是同一个时钟周期由时钟源传输过来的时钟信号。也就是说,保持时间关注的是当前正在采样输出的信号不被上一个寄存器同一个时钟周期对应的启动沿所传输的信号影响(即信号传输不能太快)。

时序分析中的建立时间检查,其数据需求时间(Data Requirement Time)的计算就是基于建立时间关系的。同样地,对于保持时间检查,其数据需求时间的计算则是基于保持时间关系的。

本章后续内容中,若无特别说明,默认的建立时间余量计算公式中,时钟启动沿(Launch Edge)定义为 0ns,时钟锁存沿(Latch Edge)为一个时钟周期 T_{clk};默认的保持时间余量计算公式中,时钟启动沿和时钟锁存沿都定义为 0ns。

2.3.4 寄存器到寄存器路径分析

了解了时序分析的一些基本概念后,下面再结合产生延时的几条路径,做进一步的细化,示意图如图 2.13 所示。这里,为了后续公式的表述方便,做如下定义。

- T_{c2i} 表示时钟源到源寄存器 reg1 所经过的时钟网络延时。
- T_{c2j} 表示时钟源到目的寄存器 reg2 所经过的时钟网络延时。

- T_d 表示数据从上一级寄存器(源寄存器)的输入端被锁存后,到下一级寄存器(目的寄存器)的输入端所经过的延时。一般的时序分析资料都会特别提出数据在寄存器内部的传输时间 T_{co}, T_{co} 由 FPGA 器件工艺决定,通常是一个固定值,在 FPGA 器件的 datasheet 中可以查到。为了简化模型,本书不单独强调 T_{co},而是将其包含在 T_d 中。
- T_{su} 表示目的寄存器的建立时间。
- T_h 表示目的寄存器的保持时间。

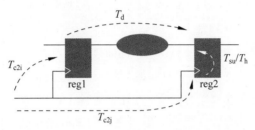

图 2.13   reg2reg 的数据和时钟路径延时

由此,可以得到建立时间的数据到达时间(Data Arrival Time)和数据需求时间(Data Required Time)的计算公式如下。

Data Arrival Time＝Launch Edge＋T_{c2i}(max)＋T_d
Data Required Time＝Latch Edge＋T_{c2j}(min)－T_{su}

建立时间余量(Setup Time Slack)的计算公式如下。

Setup Time Slack＝Data Required Time－Data Arrival Time

在 2.1.2 节提到过,时钟本身可能存在抖动等固有偏差。而在进行建立时间检查时,由于时钟启动沿和锁存沿一般存在一个时钟周期的偏差,所以在实际计算时,必须将时钟的不同周期间存在的偏差考虑在内。通常这部分由时钟源本身产生的不同时钟周期的偏差,在时序分析中都会作为时钟不确定时间(Clock Uncertainty)的一部分,在数据需求时间中予以扣除。

除此以外,还有一个可能会被忽略的因素,即 CPR(Clock pessimism removal)时间,这个时间从何而来呢? 如图 2.14 所示,由于源寄存器和目的寄存器的时钟源一样,那么,时钟信号从时钟源扇出到不同寄存器时一般也都会有共同的一段路径(路径延时对应图 2.14 中的 T_{common})。

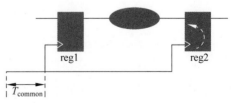

图 2.14   时钟共同路径

CPR 时间的计算公式如下。

Clock Pessimsm Removal(CPR)＝T_{common}(max)－T_{common}(min)

大家可能注意到了,数据到达时间和数据需求时间的计算中,为了计算最坏情况,分别取了 T_{c2i} 的最大值和 T_{c2j} 的最小值,为什么这样取值呢?把各个延时时间代入最终余量计算公式,便可知晓。

$$
\begin{aligned}
\text{Setup Time Slack} &= \text{Data Required Time} - \text{Data Arrival Time} \\
&= [\text{Latch Edge} + T_{c2j} - T_{su}] - [\text{Launch Edge} + T_{c2i} + T_d] \\
&= T_{c2j} - T_{c2i} + \text{Latch Edge} - T_{su} - \text{Launch Edge} - T_d
\end{aligned}
$$

$T_{c2j} - T_{c2i}$ 这两项运算要得到最坏的情况,即运算结果(Setup Time Slack)取值最小,那么只有减数取 T_{c2i} 最小值,被减数 T_{c2j} 取最大值,即 $T_{c2j}(\min) - T_{c2i}(\max)$ 这种情况了。而在这个公式中,实际还存在一个小小的矛盾,也即刚刚提到的 T_{common} 这段由于时钟信号共同路径产生的延时。在特定的环境和时刻,不存在什么最大值或最小值,那么 $T_{c2j}(\min) - T_{c2i}(\max)$ 的计算中却又分别取了 T_{common} 的极值进行计算,这个矛盾如何解决?不妨也做个简单的推导,看看当前的公式和最终的结果之间的差值是什么。

当前的 Slack 计算使用了 $T_{c2j}(\min) - T_{c2i}(\max)$ 这一项。而实际的情况应该是先扣除 T_{common} 这段延时后再计算最小值,即 $[T_{c2j}(\min) - T_{common}(\min)] - [T_{c2i}(\max) - T_{common}(\max)]$。

下面用实际项减去当前项,看看差值,就是当前运算公式里面需要补偿的计算项了。

$$
\begin{aligned}
&[T_{c2j}(\min) - T_{common}(\min)] - [T_{c2i}(\max) - T_{common}(\max)] - [T_{c2j}(\min) - T_{c2i}(\max)] \\
&= T_{common}(\max) - T_{common}(\min)
\end{aligned}
$$

可以看到,计算结果 $T_{common}(\max) - T_{common}(\min)$ 其实就是 CPR 时间,没错,就是这么定义的。因此,在计算数据到达时间时,需要加上 CPR 时间,而这个时间,也是由时序分析工具自动计算产生的。

那么,将时钟不确定时间(Clock Uncertainty)和 CPR 时间也考虑到数据需求时间中,再来梳理一下建立时间余量的计算公式。

Data Arrival Time = Launch Edge + $T_{c2i}(\max)$ + T_d
Data Required Time = Latch Edge + $T_{c2j}(\min)$ − T_{su} − Clock Uncertainty Time + Clock Pessimism Time
Setup Time Slack = Data Required Time − Data Arrival Time

保持时间余量的减数和被减数正好与建立时间余量的减数和被减数对调。保持时间关系的数据到达时间、数据需求时间和余量计算公式如下。

Data Arrival Time = Launch Edge + $T_{c2i}(\min)$ + T_d
Data Required Time = Latch Edge + $T_{c2j}(\max)$ + T_h + Clock Uncertainty Time + Clock Pessimism Time
Hold Time Slack = Data Arrival Time − Data Required Time

从定义上看,我们就知道保持时间和建立时间是相对立的,它们就如同天平的两侧,平衡是最好的一个状态。

2.4　引脚到寄存器的时序路径分析

2.4.1　系统同步接口与源同步接口

　　FPGA 和外部芯片的同步通信接口,根据它们时钟的来源可以分为系统同步接口和源同步接口两大类。

　　如图 2.15 所示,FPGA 与外部芯片之间的通信时钟都由外部同一时钟源(系统时钟)产生时,称为系统同步接口。也就是说,在系统同步接口中,FPGA 的时序信息作为整个大系统的一部分而存在,FPGA 所需的时序信息包括 PCB 板级走线延时以及外部芯片的 I/O 接口时序参数。

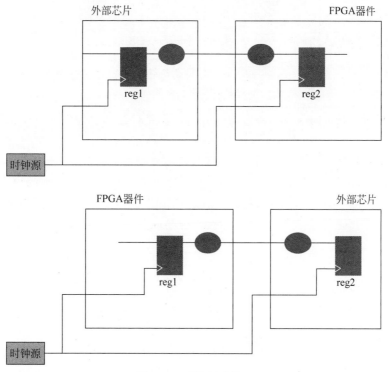

图 2.15　系统同步接口

　　如图 2.16 所示,FPGA 与外部芯片之间的通信时钟都由源寄存器所在一侧(输出端)产生时,称为源同步接口。源同步接口的 FPGA 数据信号和同步时钟信号同时在其 I/O 引脚上和外部芯片连接。

2.4.2　系统同步接口的路径分析

　　FPGA 内部寄存器到寄存器(reg2reg)时序路径的分析模型,是最基本的时序分析模

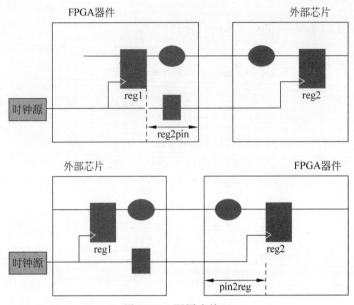

图 2.16　源同步接口

型。对于具有同步时钟的引脚到寄存器(pin2reg)和寄存器到引脚(reg2pin)的时序路径,基本的分析方法都和 reg2reg 是一致的。

下面先来看看系统同步接口的 pin2reg 路径模型,如图 2.17 所示。虽然与 FPGA 连接的外部芯片内部寄存器的状态无从知晓(一般芯片也不会给出这么详细的内部信息),但是在外部芯片的手册中通常都会给出芯片引脚的一些时序信息,如 T_{co}(数据在时钟沿后多长时间范围内是有效的)、T_{su}(建立时间)和 T_{h}(保持时间)等,也可以用 reg2reg 的分析方法先剖析 pin2reg 的时序路径。

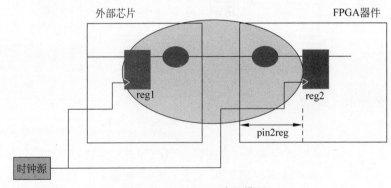

图 2.17　pin2reg 路径模型

在这个模型中,外圈(大圈)部分所覆盖的路径代表了和 FPGA 内部 reg2reg 分析一样的模型,内圈(小圈)部分所覆盖的路径就是所说的 pin2reg 路径,从这个示意图可以看出,

pin2reg 路径其实不过是 reg2reg 路径的一部分。由于 FPGA 时序分析只关心 FPGA 内部的时序路径,所以时序约束的任务是告诉 FPGA 编译工具 pin2reg 路径的约束信息(即图示中 pin2reg 路径允许的延时范围)。但是,要搞清楚 pin2reg 路径允许的延时信息,还需要通过外部芯片相关时序路径的分析,结合外部芯片的相关时序参数计算得到。

pin2reg 时序模型的各条路径延时定义如图 2.18 所示。

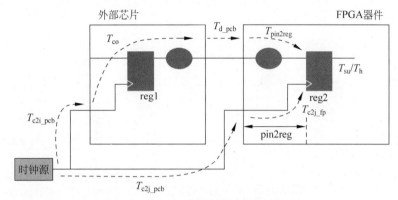

图 2.18 pin2reg 的数据和时钟路径延时

- T_{c2i_pcb} 表示时钟信号从时钟源到外部芯片(源寄存器 reg1)所经过的 PCB 走线延时。
- T_{co} 表示时钟启动沿到达外部芯片引脚,一直到外部芯片数据引脚输出数据所经过的延时。这个延时从示意图上可以看到,其实是包含了一部分源时钟从外部芯片输入引脚到源寄存器 reg1 的延时,以及数据从源寄存器 reg1 到芯片输出引脚的延时。
- T_{d_pcb} 是数据信号在 PCB 上的走线延时。
- $T_{pin2reg}$ 则是数据信号从 FPGA 器件的引脚到目的寄存器 reg2 输入端的延时,也就是 pin2reg 实际要约束的路径延时。
- T_{c2i_pcb} 表示时钟信号从时钟源到达 FPGA 器件引脚所经过的 PCB 走线延时。
- T_{c2j_fp} 表示时钟信号从 FPGA 器件输入引脚到目的寄存器 reg2 所经过的时钟网络延时。
- T_{su} 表示目的寄存器的建立时间。
- T_h 表示目的寄存器的保持时间。

参考 reg2reg 路径的分析方法,可以得到建立时间的数据到达时间和数据需求时间的计算公式如下。由于 pin2reg 路径中的时钟在 FPGA 器件内部是不存在共同路径的,所以无须考虑 Clock Pessimism Time。

Data Arrival Time＝Launch Edge＋T_{c2i_pcb}(max)＋T_{co}(max)＋T_{d_pcb}(max)＋$T_{pin2reg}$(max)
Data Required Time＝Latch Edge＋T_{c2j_pcb}(min)＋T_{c2j_fp}(min)－T_{su}－Clock Uncertainty Time
Setup Time Slack＝Data Required Time－Data Arrival Time

保持时间关系的数据到达时间、数据需求时间和余量计算公式如下。

Data Arrival Time＝Launch Edge＋T_{c2i_pcb}(min)＋T_{co}(min)＋T_{d_pcb}(min)＋$T_{pin2reg}$(min)
Data Required Time＝Latch Edge＋T_{c2j_pcb}(max)＋T_{c2j_fp}(max)＋T_h＋Clock Uncertainty Time
Hold Time Slack＝Data Arrival Time－Data Required Time

如图 2.19 所示,在上面这组计算公式中,除了 $T_{pin2reg}$ 和 T_{c2j_fp} 延时值在 FPGA 还未进行编译时是未知的,其他延时值都可以通过外部芯片或其他设计资料查询获取。

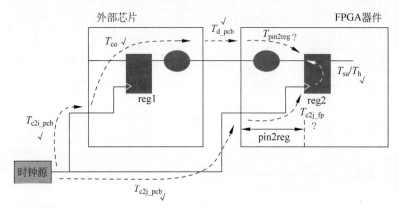

图 2.19 pin2reg 的数据和时钟路径延时状态

T_{c2j_fp} 延时值是时钟从 FPGA 输入引脚到 FPGA 寄存器的延时,通常在硬件电路设计时需要把这样的时钟信号分配到 FPGA 专用时钟引脚上,在进行 FPGA 设计编译时也通常会安排这样的时钟信号走全局时钟网络,尽可能地减小时钟引脚到寄存器的时钟网络延时,所以这个路径的延时通常会是一个比较可控的较小的时间值。而真正具有很大变数的是数据从引脚到目的寄存器的延时 $T_{pin2reg}$,它的取值范围可以使用 set_input delay 命令进行约束设置。set_input_delay 命令所设定的最大值(-max)和最小值(-min)正是分别用于建立时间和保持时间分析的。

在建立时间的余量计算结果不变的前提下,可以将 T_{c2j_pcb}(min)的位置从 Data Required Time 的计算公式中提取出来,代入 Data Arrival Time 的计算公式,那么公式变换如下。

Setup Time Slack＝Data Required Time－Data Arrival Time
＝(Latch Edge＋T_{c2j_pcb}(min)＋T_{c2j_fp}(min)－T_{su}－Clock Uncertainty Time)－(Launch Edge＋T_{c2i_pcb}(max)＋T_{co}(max)＋T_{d_pcb}(max)＋$T_{pin2reg}$(max))
＝(Latch Edge＋T_{c2j_fp}(min)－T_{su}－Clock Uncertainty Time)－(Launch Edge＋T_{c2i_pcb}(max)－T_{c2j_pcb}(min)＋T_{co}(max)＋T_{d_pcb}(max)＋$T_{pin2reg}$(max))

Data Arrival Time＝Launch Edge＋T_{c2i_pcb}(max)－T_{c2j_pcb}(min)＋T_{co}(max)＋T_{d_pcb}(max)＋$T_{pin2reg}$(max)
Data Required Time＝Latch Edge＋T_{c2j_fp}(min)－T_{su}－Clock Uncertainty Time

这样变换后,建立时间的数据到达时间和数据需求时间计算公式中,FPGA 外部所有的延时信息都集中在了数据到达时间(data arrival time)公式里。而这 4 个延时值,就是要告诉 FPGA 的最大约束时间,即使用 set_input_delay-max 命令去约束的延时值。

set_input_delay(max)=T_{c2i_pcb}(max)−T_{c2j_pcb}(min)+T_{co}(max)+T_{d_pcb}(max)

同样,在保持时间的余量计算结果不变的前提下,可以将 T_{c2j_pcb}(max) 的位置从 Data Required Time 的计算公式中提取出来,代入 Data Arrival Time 的计算公式中,那么公式变换如下。

Hold Time Slack=Data Arrival Time−Data Required Time
=(Launch Edge+T_{c2i_pcb}(min)+T_{co}(min)+T_{d_pcb}(min)+$T_{pin2reg}$(min))−(Latch Edge+T_{c2j_pcb}(max)+T_{c2j_fp}(max)+T_{h}+Clock Uncertainty Time)
=(Launch Edge+T_{c2i_pcb}(min)−T_{c2j_pcb}(max)+T_{co}(min)+T_{d_pcb}(min)+$T_{pin2reg}$(min))−(Latch Edge+T_{c2j_fp}(max)+T_{h}+Clock Uncertainty Time)

Data Arrival Time=Launch Edge+T_{c2i_pcb}(min)−T_{c2j_pcb}(max)+T_{co}(min)+T_{d_pcb}(min)+$T_{pin2reg}$(min)
Data Required Time=Latch Edge+T_{c2j_fp}(max)+T_{h}+Clock Uncertainty Time

这样变换后,保持时间的数据到达时间和数据需求时间计算公式中,FPGA 外部所有的延时信息都集中在了数据到达时间的计算公式里。而这 4 个延时值,就是要告诉 FPGA 的最小约束时间,即使用 set_input_delay-min 命令约束的延时值。

set_input_delay(min)=T_{c2i_pcb}(min)−T_{c2j_pcb}(max)+T_{co}(min)+T_{d_pcb}(min)

最后将这些公式重新梳理如下。

(1) 用于建立时间分析的 set_input_delay-max 时间计算:
set_input_delay(max)=T_{c2i_pcb}(max)−T_{c2j_pcb}(min)+T_{co}(max)+T_{d_pcb}(max)
(2) 用于保持时间分析的 set_input_delay-min 时间计算:
set_input_delay(min)=T_{c2i_pcb}(min)−T_{c2j_pcb}(max)+T_{co}(min)+T_{d_pcb}(min)
(3) 建立时间的时序余量计算:
Data Arrival Time=Launch Edge+set_input_delay(max)+$T_{pin2reg}$(max)
Data Required Time=Latch Edge+T_{c2j_fp}(min)−T_{su}−Clock Uncertainty Time
Setup Time Slack=Data Required Time−Data Arrival Time
(4) 保持时间的时序余量计算:
Data Arrival Time=Launch Edge+set_input_delay(min)+$T_{pin2reg}$(min)
Data Required Time=Latch Edge+T_{c2j_fp}(max)+T_{h}+Clock Uncertainty Time
Hold Time Slack=Data Arrival Time−Data Required Time

2.4.3 源同步接口的路径分析

很多时序资料中给出的 pin2reg 分析模型基本都是系统同步接口的,而在工程实践中碰到的更多的是源同步接口的 pin2reg 路径模型。

如图 2.20 所示,这是一个在工程实践中常见的源同步接口的时序模型,所谓源同步接口,就是输入到 FPGA 的数据引脚,有对应的同步时钟信号也连接到 FPGA 引脚,同时在 FPGA 器件内部也使用这个同步时钟信号去锁存数据信号。

对于外部芯片,从数据手册一般都能够获取如图 2.21 所示的 T_{co} 时间(时钟启动沿到有效数据输出的时间)。

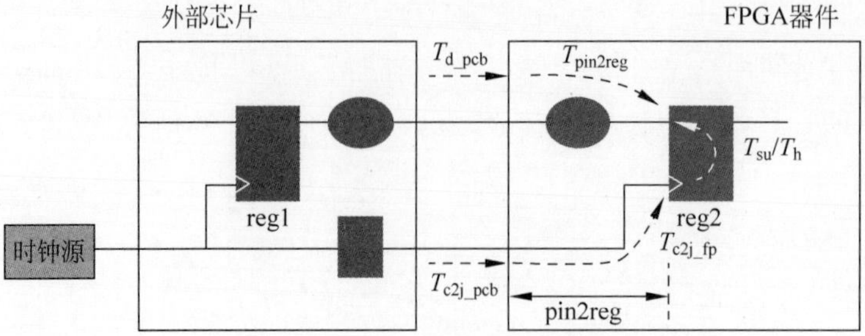

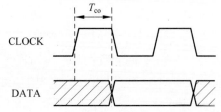

图 2.20　源同步接口数据和时钟路径延时

图 2.21　时钟和数据的最大和最小 T_{co} 时间

如图 2.22 所示,可以按照基本的引脚到寄存器路径模型来标记外部芯片的延时。外部芯片的时钟启动沿到外部芯片数据输出引脚的延时时间,统一定义为 T_{co},在芯片手册中,一般也都会给出它的最大值和最小值。而外部芯片的时钟走线延时 T_{c_ext},由于其已经包含在外部芯片的 T_{co} 时间里了,所以可以认为它的取值是 0。

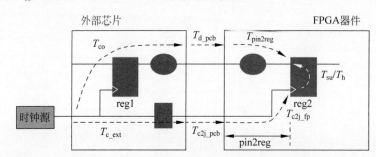

图 2.22　标记延时的源同步接口数据和时钟路径

那么,可以给出这个源同步接口建立时间的余量计算公式如下。注意这里把 T_{c2j_pcb} 时间直接算到 Data Arrival Time 的公式中了。

Data Arrival Time＝Launch Edge－T_{c2j_pcb}(min)＋T_{co}(max)＋T_{d_pcb}(max)＋$T_{pin2reg}$(max)
Data Required Time＝Latch Edge＋T_{c2j_fp}(min)－T_{su}－Clock Uncertainty Time
Setup Time Slack＝Data Required Time－Data Arrival Time

保持时间的余量计算公式如下。注意这里把 T_{c2j_pcb} 时间直接算到 Data Arrival Time 的公式中了。

Data Arrival Time＝Launch Edge－$T_{\text{c2j\_pcb}}$(max)＋T_{co}(min)＋$T_{\text{d\_pcb}}$(min)＋T_{pin2reg}(min)

Data Required Time＝Latch Edge＋$T_{\text{c2j\_fp}}$(max)＋T_{h}＋Clock Uncertainty Time

Hold Time Slack＝Data Arrival Time－Data Required Time

那么,重新计算出的 set_input_delay 的最大值和最小值如下。

(1) 用于建立时间分析的 set_input_delay-max 时间计算：

set_input_delay(max)＝－$T_{\text{c2j\_pcb}}$(min)＋T_{co}(max)＋$T_{\text{d\_pcb}}$(max)

(2) 用于保持时间分析的 set_input_delay-min 时间计算：

set_input_delay(min)＝－$T_{\text{c2j\_pcb}}$(max)＋T_{co}(min)＋$T_{\text{d\_pcb}}$(min)

就算某些外部芯片的手册中没有给出明确的 T_{co} 时间,至少也会给出其数据和时钟的建立时间 T_{su} 和保持时间 T_{h}。如图 2.23 所示,这时也可以通过建立时间 T_{su} 和保持时间 T_{h} 进行一定的转换,获取这个输出引脚上数据相对时钟的最大 T_{co}(max)和最小 T_{co}(min) 时间。

T_{co}(max)＝T_{clk}－T_{su}

T_{co}(min)＝T_{h}

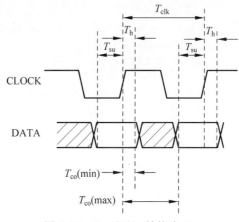

图 2.23　T_{su} 和 T_{h} 转换为 T_{co}

相信通过这个源同步接口模型的分析,大家能够对引脚到寄存器的时序分析有更深刻的理解。在遇到其他不同类型的模型时,也能够用类似的方式自己去分析和创建模型,从而使用外部芯片手册给出的参数信息获取 set_input_delay 约束的最大值和最小值。当然,对于不同的时序分析资料,类似的时序路径可能会以不同的方法进行分析和约束,但万变不离其宗,其根本的原理是一致的。

2.5　寄存器到引脚的时序路径分析

2.5.1　系统同步接口的路径分析

下面再来看看 reg2pin 的路径模型。pin2reg 模型中,FPGA 的引脚方向是输入;

reg2pin 模型中,FPGA 的引脚方向则是输出,也就是说时序模型的源寄存器在 FPGA 内部,目的寄存器在外部芯片中。虽然与 FPGA 连接的外部芯片内部寄存器的状态无从知晓(一般芯片也不会给出这么详细的内部信息),但是在外部芯片的手册中通常会给出其输入引脚的 T_{su}(建立时间)和 T_h(保持时间)等时序信息,可以利用这些时序信息对 reg2pin 的时序路径进行约束与分析。

如图 2.24 所示,在这个模型中,外圈(大圈)部分所覆盖的路径代表了和 FPGA 内部 reg2reg 分析一样的模型,内圈(小圈)部分所覆盖的路径就是所说的 reg2pin 路径,从这个示意图可以看出,reg2pin 路径其实也是 reg2reg 的一部分。由于 FPGA 时序分析只关心 FPGA 内部的时序路径,所以时序分析的任务是告诉 FPGA 编译工具 reg2pin 路径的约束信息(即图示中 reg2pin 路径允许的延时范围)。但是,要搞清楚 reg2pin 路径允许的延时信息,还需要通过外部芯片相关时序路径的分析,结合外部芯片的相关时序参数计算得到。

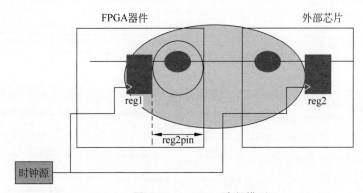

图 2.24　reg2pin 路径模型

reg2pin 时序模型的各条路径延时定义如图 2.25 所示。

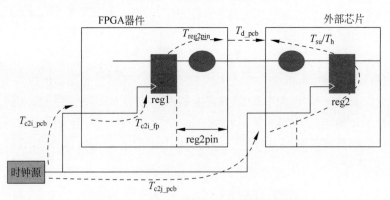

图 2.25　reg2pin 的数据和时钟路径延时

- T_{c2i_pcb} 表示时钟信号从时钟源到 FPGA 输入引脚所经过的 PCB 走线延时。
- T_{c2i_fp} 表示时钟信号从 FPGA 输入引脚到其内部的源寄存器 reg1 所经过的时钟网络延时。

- $T_{reg2pin}$ 则是数据信号从 FPGA 器件的源寄存器到其输出引脚的延时,也就是 reg2pin 实际要约束的路径延时。
- T_{d_pcb} 是数据信号在 PCB 上的走线延时。
- T_{c2j_pcb} 表示时钟信号从时钟源到达外部芯片引脚所经过的 PCB 走线延时。
- T_{su} 表示外部芯片(通常包括目的寄存器和外部芯片中所有相关的路径延时信息)的建立时间。
- T_h 表示外部芯片(通常包括目的寄存器和外部芯片中所有相关的路径延时信息)的保持时间。

外部芯片的手册中一般不会给出具体的目的寄存器的 T_{su} 和 T_h 时间以及数据和时钟在外部芯片中所经过的逻辑或路径延时,而是会将这些参数都综合计算后,给出针对外部芯片数据和时钟引脚的总的 T_{su} 和 T_h 时间。因此,在考虑外部芯片的时序参数时,有一组针对这个芯片的 T_{su} 和 T_h 时间即可。

参考 reg2reg 路径的分析方法,这里可以得到建立时间的数据到达时间和数据需求时间的计算公式如下。由于 reg2pin 路径中的时钟在 FPGA 器件内部是不存在共同路径的,所以无须考虑 Clock Pessimism Time。

Data Arrival Time＝Launch Edge＋T_{c2i_pcb}(max)＋T_{c2i_fp}(max)＋$T_{reg2pin}$(max)＋T_{d_pcb}(max)
Data Required Time＝Latch Edge＋T_{c2j_pcb}(min)－T_{su}
Setup Time Slack＝Data Required Time－Data Arrival Time

保持时间的数据到达时间、数据需求时间和余量计算公式如下。

Data Arrival Time＝Launch Edge＋T_{c2i_pcb}(min)＋T_{c2i_fp}(min)＋$T_{reg2pin}$(min)＋T_{d_pcb}(min)
Data Required Time＝Latch Edge＋T_{c2j_pcb}(max)＋T_h
Hold Time Slack＝Data Arrival Time－Data Required Time

如图 2.26 所示,在上面这组计算公式中,除了 $T_{reg2pin}$ 和 T_{c2i_fp} 延时值在 FPGA 还未进行编译时是未知的,其他的延时值都可以通过芯片或相关设计资料查询获取。

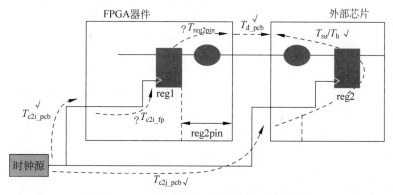

图 2.26　reg2pin 的数据和时钟路径延时状态

T_{c2i_fp} 延时值是时钟从 FPGA 引脚到 FPGA 寄存器的延时,通常在硬件电路设计时需要把这样的时钟信号分配到 FPGA 专用时钟引脚上,在进行 FPGA 设计编译时也通常会安排这样的时钟信号走全局时钟网络,尽可能地减小时钟引脚达到寄存器的时钟网络延时,所以这个路径的延时通常会是一个较小的时间值。而真正具有很大变数的是数据从源寄存器到输出引脚的延时 $T_{reg2pin}$,它的取值范围可以使用 set_output_delay 命令进行约束设置。set_output_delay 命令所设定的最大值(-max)和最小值(-min)正是分别用于建立时间和保持时间分析的。

在建立时间的余量计算结果不变的前提下,可以将 $T_{c2i\_pcb}(\max)$ 和 $T_{d\_pcb}(\max)$ 的位置从 Data Arrival Time 的计算公式中提取出来,代入 Data Required Time 的计算公式中,变换如下。

Setup Time Slack＝Data Required Time－Data Arrival Time
$=(\text{Latch Edge}+T_{c2j\_pcb}(\min)-T_{su})-(\text{Launch Edge}+T_{c2i\_pcb}(\max)+T_{c2i\_fp}(\max)+T_{reg2pin}(\max)+T_{d\_pcb}(\max))$
$=(\text{Latch Edge}-(T_{c2i\_pcb}(\max)-T_{c2j\_pcb}(\min)+T_{d\_pcb}(\max)+T_{su}))-(\text{Launch Edge}+T_{c2i\_fp}(\max)+T_{reg2pin}(\max))$

Data Arrival Time＝Launch Edge$+T_{c2i\_fp}(\max)+T_{reg2pin}(\max)$
Data Required Time＝Latch Edge$-(T_{c2i\_pcb}(\max)-T_{c2j\_pcb}(\min)+T_{d\_pcb}(\max)+T_{su})$

这样变换后,建立时间的数据到达时间和数据需求时间计算公式中,FPGA 外部所有的延时信息都集中在 Data Required Time 公式里。而这 4 个延时值,就是要告诉 FPGA 的最大约束时间,即使用 set_output_delay-max 命令去约束的延时值。

set_output_delay(max)$=T_{c2i\_pcb}(\max)-T_{c2j\_pcb}(\min)+T_{d\_pcb}(\max)+T_{su}$

同样,在保持时间的余量计算结果不变的前提下,可以将 $T_{c2i\_pcb}(\min)$ 和 $T_{d\_pcb}(\min)$ 的位置从 Data Arrival Time 的计算公式中提取出来,代入 Data Required Time 计算公式中,那么公式变换如下。

Hold Time Slack＝Data Arrival Time－Data Required Time
$=(\text{Launch Edge}+T_{c2i\_pcb}(\min)+T_{c2i\_fp}(\min)+T_{reg2pin}(\min)+T_{d\_pcb}(\min))-(\text{Latch Edge}+T_{c2j\_pcb}(\max)+T_h)$
$=(\text{Launch Edge}+T_{c2i\_fp}(\min)+T_{reg2pin}(\min))-(\text{Latch Edge}+T_{c2j\_pcb}(\max)-T_{c2i\_pcb}(\min)-T_{d\_pcb}(\min)+T_h)$

Data Arrival Time＝Launch Edge$+T_{c2i\_fp}(\min)+T_{reg2pin}(\min)$
Data Required Time＝Latch Edge$-(T_{c2i\_pcb}(\min)-T_{c2j\_pcb}(\max)+T_{d\_pcb}(\min)-T_h)$

这样变换后,保持时间的数据到达时间和数据需求时间计算公式中,FPGA 外部的所有延时信息都集中在 Data Required Time 公式里。而这 4 个延时值,就是要告诉 FPGA 的最小约束时间,即使用 set_output_delay-min 命令去约束的延时值。

set_output_delay(min)$=T_{c2i\_pcb}(\min)-T_{c2j\_pcb}(\max)+T_{d\_pcb}(\min)-T_h$

将这些公式重新梳理如下。

(1) 用于建立时间分析的 set_output_delay-max 时间计算：

$$\text{set\_output\_delay}(\max) = T_{\text{c2i\_pcb}}(\max) - T_{\text{c2j\_pcb}}(\min) + T_{\text{d\_pcb}}(\max) + T_{\text{su}}$$

(2) 用于保持时间分析的 set_output_delay-min 时间计算：

$$\text{set\_output\_delay}(\min) = T_{\text{c2i\_pcb}}(\min) - T_{\text{c2j\_pcb}}(\max) + T_{\text{d\_pcb}}(\min) - T_{\text{h}}$$

(3) 建立时间的时序余量计算：

$$\text{Data Arrival Time} = \text{Launch Edge} + T_{\text{c2i\_fp}}(\max) + T_{\text{reg2pin}}(\max)$$
$$\text{Data Required Time} = \text{Latch Edge} - \text{set\_output\_delay}(\max)$$
$$\text{Setup Time Slack} = \text{Data Required Time} - \text{Data Arrival Time}$$

(4) 保持时间的时序余量计算：

$$\text{Data Arrival Time} = \text{Launch Edge} + T_{\text{c2i\_fp}}(\min) + T_{\text{reg2pin}}(\min)$$
$$\text{Data Required Time} = \text{Latch Edge} - \text{set\_output\_delay}(\min)$$
$$\text{Hold Time Slack} = \text{Data Arrival Time} - \text{Data Required Time}$$

2.5.2 源同步接口的路径分析

如图 2.27 所示，这是一个在工程实践中常见的源同步接口的 reg2pin 时序模型，源同步接口即从 FPGA 输出的数据引脚，有同样从 FPGA 输出的时钟引脚与其同步，在外部芯片中将使用这个同步时钟引脚去锁存数据引脚。

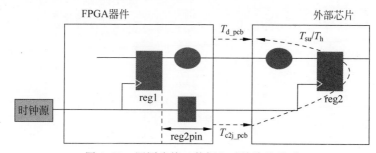

图 2.27 源同步接口数据和时钟路径延时

对于外部芯片，从数据手册中一般都能够获取如图 2.28 所示的 T_{su} 和 T_{h} 时间。

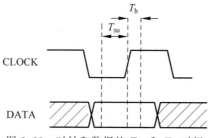

图 2.28 时钟和数据的 T_{su} 和 T_{h} 时间

如图 2.29 所示，可以按照基本的寄存器到引脚路径模型标记外部芯片的延时。给出这个源同步接口的建立时间的余量计算公式如下。

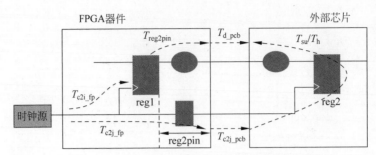

图 2.29 新的源同步接口数据和时钟路径延时

Data Arrival Time＝Launch Edge＋T_{c2i_fp}(max)＋$T_{reg2pin}$(max)＋T_{d_pcb}(max)
Data Required Time＝Latch Edge＋T_{c2j_fp}(min)＋T_{c2j_pcb}(min)－T_{su}－Clock Uncertainty Time
Setup Time Slack＝Data Required Time－Data Arrival Time

保持时间的余量计算公式如下。

Data Arrival Time＝Launch Edge＋T_{c2i_fp}(min)＋$T_{reg2pin}$(min)＋T_{d_pcb}(min)
Data Required Time＝Latch Edge＋T_{c2j_fp}(max)＋T_{c2j_pcb}(max)＋T_{h}＋Clock Uncertainty Time
Hold Time Slack＝Data Arrival Time－Data Required Time

由于 T_{d_pcb} 是 FPGA 外部的延时参数,在余量计算结果不变的情况下,把它从 Data Arrival Time 公式提取出来,换算到 Data Required Time 公式中。

(1) 建立时间的时序余量计算:
Data Arrival Time＝Launch Edge＋T_{c2i_fp}(max)＋$T_{reg2pin}$(max)
Data Required Time ＝Latch Edge＋T_{c2j_fp}(min)－(T_{d_pcb}(max)－T_{c2j_pcb}(min)＋T_{su})－
　　　　　　　Clock Uncertainty Time
　　　　　　　＝Latch Edge＋T_{c2j_fp}(min)－Clock Uncertainty Time－set_output_delay(max)
Setup Time Slack＝Data Required Time－Data Arrival Time
(2) 保持时间的时序余量计算:
Data Arrival Time＝Launch Edge＋T_{c2i_fp}(min)＋$T_{reg2pin}$(min)
Data Required Time ＝Latch Edge＋T_{c2j_fp}(max)－(T_{d_pcb}(min)－T_{c2j_pcb}(max)－T_{h})＋
　　　　　　　Clock Uncertainty Time
　　　　　　　＝Latch Edge＋T_{c2j_fp}(max)＋Clock Uncertainty Time－set_output_delay(min)
Hold Time Slack＝Data Arrival Time－Data Required Time

重新计算出的 set_output_delay 的最大值和最小值如下。

(1) 用于建立时间分析的 set_output_delay-max 时间计算:
set_output_delay(max)＝T_{d_pcb}(max)－T_{c2j_pcb}(min)＋T_{su}
(2) 用于保持时间分析的 set_output_delay-min 时间计算:
set_output_delay(min)＝T_{d_pcb}(min)－T_{c2j_pcb}(max)－T_{h}

在以上公式中,没有给出 2.3.1 节分析中提到的 Clock Pessimism Time。如果实际的应用中,源时钟达到源寄存器和目的寄存器确实存在 Common Path,那么就需要在建立时间和保持时间的 Data Required Time 计算中分别加上 Clock Pessimism Time。由于这个时钟的 Common Path 在 FPGA 内部,所以 FPGA 的编译工具在时序分析时会自动在 Data Required Time 的计算公式中加上 Clock Pessimism Time。

相信通过这个源同步接口模型的分析,大家能够对寄存器到引脚的时序分析有更深刻的理解。在遇到其他不同类型的模型时,也能够用类似的方式自己去分析和创建模型,从而使用外部芯片手册给出的参数信息获取 set_output_delay 约束的最大值和最小值。

总结下来,**set_input_delay** 和 **set_output_delay** 的约束值计算公式,都是将时序路径中所有 FPGA 器件外部的延时信息汇总在一起,告诉 FPGA 编译工具,使其引导布局布线,以保证其内部的延时能够满足系统(FPGA 器件和外部芯片)的时序要求。

2.6　引脚到引脚的时序路径分析

最后,再来看看 pin2pin 的路径。如图 2.30 所示,pin2pin 即 FPGA 外部信号从 FPGA 的输入引脚到输出引脚所经过的整个路径延时,这个路径中不经过任何寄存器,它的整个路径延时基本上只是一些组合逻辑延时和走线延时。这类路径在纯组合逻辑电路中比较常见,也必须在时序分析中覆盖到。这类路径也没有所谓的建立时间和保持时间,设计者关心的是这条路径从输入引脚到输出引脚所允许的延时时间范围。在做时序分析时,设计者只需要把这样的最大延时值和最小延时值传达给设计工具。通常可以通过 set_max_delay 或 set_min_delay 这两条约束命令分别指定某个输入引脚到某个输出引脚的最大或最小延时值。至于这个最大或最小延时值如何确定,取决于实际的应用,没有什么通用公式可以套用。

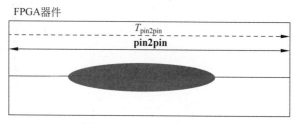

图 2.30　pin2pin 路径模型

第 3 章

主时钟与虚拟时钟约束

3.1 主时钟约束

3.1.1 主时钟约束语法

主时钟通常是 FPGA 器件外部的板级时钟(如晶振、数据传输的同步时钟等)或 FPGA 的高速收发器输出数据的同步恢复时钟信号等。

通过 create_clock 命令可对主时钟进行约束定义,其基本语法结构如下。

```
create_clock – name < clock_name > – period < period > – waveform {< rise_time > < fall_time >}
[ get_ports < port_name >]
```

- -name 后的< clock_name >是设计者自定义的主时钟名称,用于标示定义的主时钟,后续的约束若引用已经定义的主时钟,< clock_name >就是唯一的引用标识。如果约束时不指定< clock_name >,则会默认使用< port_name >所指定的时钟物理节点作为名称。虚拟时钟定义时,由于不指定< port_name >,所以必须指定< clock_name >。
- -period 后的< period >是定义的主时钟周期,单位是 ns,取值必须大于 0。
- get_ports 表示定义的主时钟的物理节点是 FPGA 的引脚。除此以外,FPGA 内部网络也能作为主时钟的物理节点,也可以使用 get_nets 进行定义。< port_name >是定义的主时钟的物理节点名称,如时钟引脚名称或高速收发器恢复的时钟信号名称等。
- -waveform 后的{< rise_time > < fall_time >}用于定义时钟的上升沿和下降沿时刻。< rise_time >表示上升沿时刻,默认值为 0;< fall_time >表示下降沿时刻,默认值是时钟周期的一半。它们的单位也都是 ns。

约束定义一个主时钟时,必须关联 FPGA 设计网表中已有的某个时钟节点或引脚。换言之,主时钟其实是帮助时序分析工具定义了时序路径分析的一个时间零点,而时钟传输过程中的延时和不确定性也都会基于这个时间零点进行计算和分析。由于大多数时序路径约束通常需要以主时钟做基准,所以约束流程中通常建议优先进行主时钟的约束定义。

3.1.2 识别设计时钟

在 Vivado 工具中,设计中未约束的时钟可以通过时钟网络报告(Clock Networks Report)和时序确认报告(Check Timing Report)进行查看。

1) 时钟网络报告

在 Vivado 中打开设计工程,如图 3.1 所示,运行综合(Run Syntheis)或实现(Run Implementation)编译,然后单击 Open Synthesized Design 或 Open Implemented Design 选项。

接着,如图 3.2 所示,在 Tcl Console 中,输入 report_clock_networks 命令。

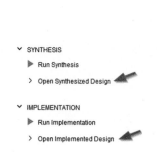

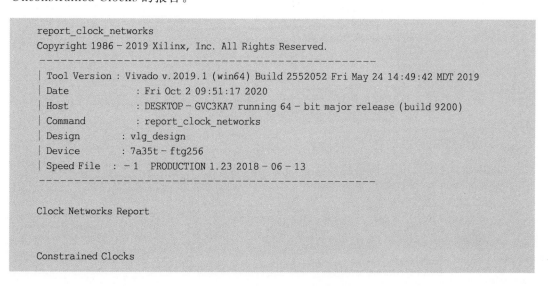

图 3.1 综合编译与实现编译菜单　　图 3.2 在 Tcl Console 中输入 report_clock_networks 命令

随后,将会弹出如下报告,其中包括工程的基本信息以及 Constrained Clocks 和 Unconstrained Clocks 的报告。

```
report_clock_networks
Copyright 1986 - 2019 Xilinx, Inc. All Rights Reserved.
--------------------------------------------------
| Tool Version : Vivado v.2019.1 (win64) Build 2552052 Fri May 24 14:49:42 MDT 2019
| Date         : Fri Oct 2 09:51:17 2020
| Host         : DESKTOP - GVC3KA7 running 64 - bit major release (build 9200)
| Command      : report_clock_networks
| Design       : vlg_design
| Device       : 7a35t - ftg256
| Speed File    : - 1  PRODUCTION 1.23 2018 - 06 - 13
--------------------------------------------------


Clock Networks Report


Constrained Clocks
```

```
-----------

Clock i_clk (50MHz)(endpoints: 5690 clock, 133 nonclock)
Port i_clk



Unconstrained Clocks
-----------

Clock i_image_sensor_pclk (endpoints: 20 clock, 0 nonclock)
Port i_image_sensor_pclk

Clock Q (endpoints: 24 clock, 94 nonclock)
FDRE/Q (uut_m_ddr3_cache/r_cstate_reg[0])

Clock Q (endpoints: 27 clock, 94 nonclock)
FDRE/Q (uut_m_ddr3_cache/r_cstate_reg[1])

Clock Q (endpoints: 27 clock, 94 nonclock)
FDRE/Q (uut_m_ddr3_cache/r_cstate_reg[2])
```

2）时序确认报告

如图 3.3 所示，也可以在 Tcl Console 中输入 check_timing 命令。

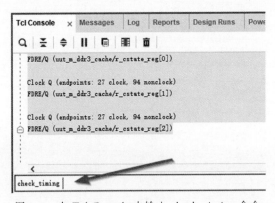

图 3.3　在 Tcl Console 中输入 check_timing 命令

　　随后弹出的报告中包括了工程的基本信息以及 12 条 check timing 报告。在这 12 条报告中，可以确认当前工程的时序约束状态，清晰明了地看到有多少路径是目前没有被设计约束覆盖到的。

```
check_timing
Copyright 1986 - 2019 Xilinx, Inc. All Rights Reserved.
```

```
---------------------------------------------------
| Tool Version : Vivado v.2019.1 (win64) Build 2552052 Fri May 24 14:49:42 MDT 2019
| Date           : Fri Oct 2 09:57:06 2020
| Host           : DESKTOP－GVC3KA7 running 64－bit major release (build 9200)
| Command        : check_timing
| Design         : vlg_design
| Device         : 7a35t－ftg256
| Speed File     : －1  PRODUCTION 1.23 2018－06－13
---------------------------------------------------


check_timing report

Table of Contents
---------
1. checking no_clock
2. checking constant_clock
3. checking pulse_width_clock
4. checking unconstrained_internal_endpoints
5. checking no_input_delay
6. checking no_output_delay
7. checking multiple_clock
8. checking generated_clocks
9. checking loops
10. checking partial_input_delay
11. checking partial_output_delay
12. checking latch_loops


1. checking no_clock
---------

 There are 20 register/latch pins with no clock driven by root clock pin: i_image_sensor_pclk
(HIGH)


 There are 24 register/latch pins with no clock driven by root clock pin: uut_m_ddr3_cache/r_
cstate_reg[0]/Q (HIGH)


 There are 27 register/latch pins with no clock driven by root clock pin: uut_m_ddr3_cache/r_
cstate_reg[1]/Q (HIGH)


 There are 27 register/latch pins with no clock driven by root clock pin: uut_m_ddr3_cache/r_
cstate_reg[2]/Q (HIGH)



2. checking constant_clock
---------------
 There are 0 register/latch pins with constant_clock.
```

```
3. checking pulse_width_clock
------------------
There are 0 register/latch pins which need pulse_width check


4. checking unconstrained_internal_endpoints
-------------------------
There are 65 pins that are not constrained for maximum delay. (HIGH)

There are 0 pins that are not constrained for maximum delay due to constant clock.


5. checking no_input_delay
--------------
There are 10 input ports with no input delay specified. (HIGH)

There are 0 input ports with no input delay but user has a false path constraint.


6. checking no_output_delay
--------------
There are 23 ports with no output delay specified. (HIGH)

There are 0 ports with no output delay but user has a false path constraint

There are 0 ports with no output delay but with a timing clock defined on it or propagating
through it


7. checking multiple_clock
--------------
There are 0 register/latch pins with multiple clocks.


8. checking generated_clocks
--------------
There are 0 generated clocks that are not connected to a clock source.


9. checking loops
----------
There are 0 combinational loops in the design.


10. checking partial_input_delay
--------------------
```

```
     There are 0 input ports with partial input delay specified.


11. checking partial_output_delay
    -------------------
    There are 0 ports with partial output delay specified.


12. checking latch_loops
    ---------------
There are 0 combinational latch loops in the design through latch input
```

通过查看时钟网络报告和时序确认报告,可以掌握设计中的所有时钟信号,识别需要进行约束的时钟信号,获取其基本信息,以便更好地对其添加主时钟约束。

3.2　主时钟约束实例

主时钟约束时,准确地指定时钟源的物理节点至关重要。下面通过几个简单的实例一起来看看如何使用 create_clock 命令进行主时钟约束。

实例 3.1：引脚输入的主时钟约束

如图 3.4 所示,名为 sysclk 的引脚是 FPGA 内部寄存器的时钟源。

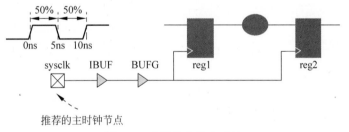

图 3.4　引脚输入的主时钟

对该输入时钟引脚的约束命令如下。

```
create_clock - name SysClk - period 10 - waveform {0 5} [get_ports sysclk]
```

这个主时钟约束中,定义了名为 sysclk 的物理节点产生的时钟,它的周期为 10ns、占空比为 50%(由上升沿 0ns,下降沿 5ns 推断),该主时钟名称定义为 SysClk。如果是对一对差分端口进行主时钟约束,只需要指定这对差分时钟端口的正端(P 端)作为物理节点名称,详见实例 3.5。

实例3.2：引脚输入的主时钟约束

与实例3.1类似，若一个名为devclk的板级时钟信号，通过clkin端口传输到FPGA器件内，并且它的时钟周期也是10ns，但时钟占空比为25%，有90°相移。那么，相应的XDC约束脚本如下。

```
create_clock - name devclk - period 10 - waveform {2.5 5} [get_ports clkin]
```

实例3.3：高速传输器输出的主时钟约束

如图3.5所示，高速传输器的输出时钟网络，经过时钟管理单元mmcm0后，产生多个不同的衍生时钟。在这种应用中，通常需要将高速传输器的输出时钟网络作为主时钟约束。

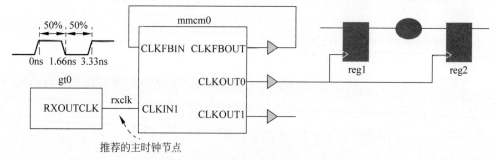

图3.5　高速传输器输出的主时钟

对该高速传输器输出的时钟网络的约束命令如下。

```
create_clock - name rxclk - period 6.667 [get_nets gt0/RXOUTCLK]
```

这个主时钟约束中，定义了名为gt0/RXOUTCLK的物理节点产生的时钟，它的周期为6.667ns，占空比为50%（没有定义时的默认占空比），该主时钟名称定义为rxclk。

实例3.4：硬件原语输出的主时钟约束

对于一些硬件原语的输出时钟引脚，若与其输入时钟之间没有很强的因果相关性，也可以将这个硬件原语的输出引脚作为时钟源进行主时钟约束，如图3.6所示的instA/OUT。

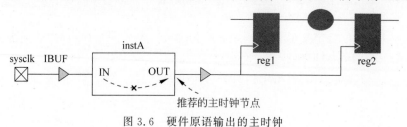

图3.6　硬件原语输出的主时钟

而如图 3.7 所示的另一个例子,从输入引脚 sysclk 经过不同的 BUFG 所产生的时钟 clk0(BUFG0)和 clk1(BUFG1)分别作为时序路径中的一对源寄存器(reg1)和目的寄存器(reg2)的输入时钟。若此时还是指定 BUFG 原语的输出端作为主时钟约束的根节点,就可能由于 clk0 和 clk1 之间时钟偏斜差异而导致时序分析结果的误差。在这种情况下,clk0、clk1 和输入时钟 sysclk 存在很强的因果相关性,只需要直接对源时钟 sysclk 进行主时钟约束,就能覆盖时钟 clk0 和 clk1 所驱动的所有时序路径。

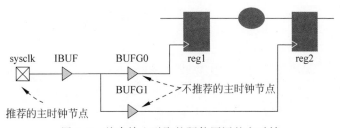

图 3.7 约束输入引脚的硬件原语的主时钟

实例 3.5:差分信号的主时钟约束

如图 3.8 所示,一个差分缓冲器(IBUFDS)产生的单端时钟信号作为 PLL 的输入时钟。在这种情况下,只需要对差分缓冲器的输入正端(sys_clk_p)进行主时钟约束即可。因为在指定了差分时钟的正端引脚之后,其负端引脚就是固定的,时序分析工具能够自动识别。若同时对差分缓冲器的输入正端和负端进行主时钟约束,反而会导致产生不真实的 CDC(Clock Domain Crossing)路径。

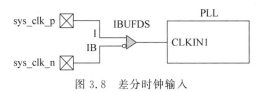

图 3.8 差分时钟输入

这个差分时钟的约束脚本如下。

```
create_clock – name sysclk – period 3.33 [get_ports sys_clk_p]
```

3.3 主时钟约束分析

下面结合 Vivado 工具来看看实际应用中如何进行主时钟的约束和分析。

实例 3.6:使用 GUI 约束输入时钟引脚

1.5.1 节简单地介绍了 Vivado 中时序约束编辑的 GUI 入口。时序约束(Timing

Constraints)界面如图 3.9 所示。左侧是约束分类区,展开分类项后可以单击具体的约束脚本项;右侧是约束添加和编辑区;下方是已有约束文件和脚本显示区。

图 3.9　Timing Constraints 页面

如图 3.10 所示,当选择了 Clocks→Create Clock 约束项后,在约束添加和编辑区中单击上方的"+"号,可以添加创建一条新的 Create Clock 约束。

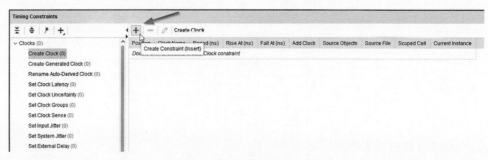

图 3.10　添加创建一条新的约束

弹出的 Create Clock 的 GUI 页面如图 3.11 所示,各个配置选项的内容和 3.1.1 节介绍的主时钟约束命令的各个配置项是一致的。当输入相关配置信息后,在 Command 一栏将自动更新设计者的配置信息,生成对应的约束脚本。

Source objects 项用于输入主时钟约束的实际物理节点,可以单击它后面的"…"按钮搜索设计中已有的时钟端口或网络。

单击 Source objects 后面的"…"按钮,Specify Clock Source Objects 页面,如图 3.12 所示,对其中各项介绍如下。

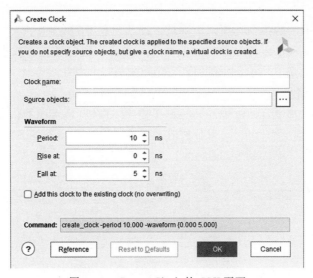

图 3.11　Create Clock 的 GUI 页面

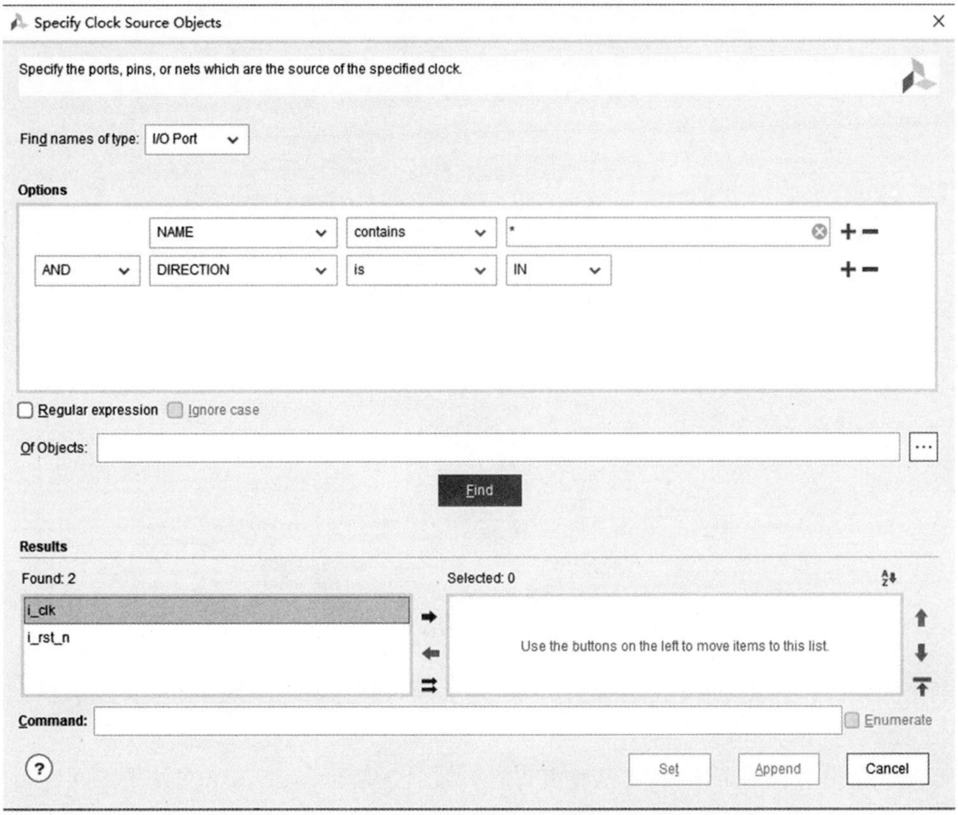

图 3.12　Specify Clock Source Objects 页面

- Find names of type 选项用于选择信号类型。
- Options 选项区的各个选项用于筛选过滤信号特征,快速查找。
- Results 选项区的 Found 中列出了符合查找要求的信号名。选中需要添加的信号,单击其右侧的箭头,可以将其加入 Selected 中,出现在 Selected 中的信号则是选中的目标时钟信号。

如图 3.13 所示,选中目标时钟 i_clk 后,单击 Set 按钮(覆盖已有的信号)或 Append 按钮(在已有的信号基础上添加信号)可以将其添加到 Create Clock 的 Source objects 中。

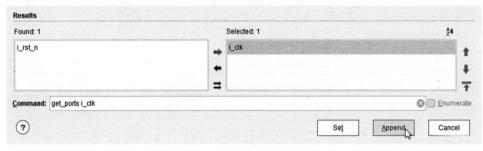

图 3.13　设置目标时钟信号

该实例完整的 Create Clock 配置如图 3.14 所示,单击 OK 按钮将生产一条约束信息。

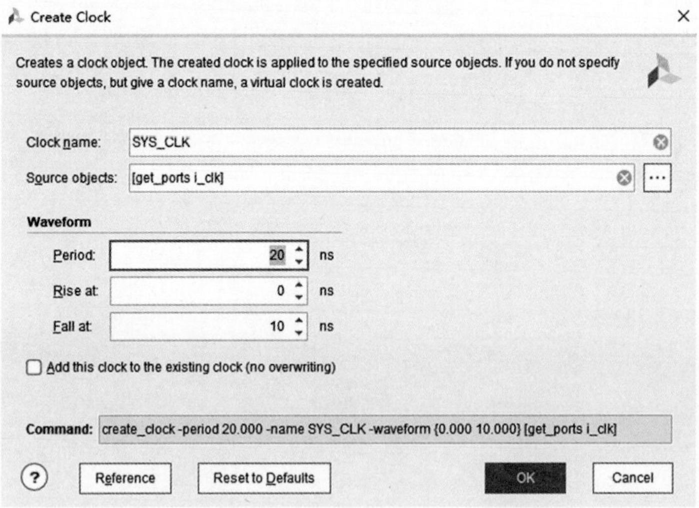

图 3.14　完整的 Create Clock 配置

如图 3.15 所示,在 All Constraints 中出现了刚刚添加的约束脚本,它的显示状态是未保存(unsaved constraints)。

要让这条主时钟约束生效,必须将其保存到设计工程的 .xdc 约束文件中。在 1.6 节中介绍了 .xdc 文件的创建和管理,设定某个 .xdc 文件为 target,如图 3.16 所示,单击保存按钮,随后新配置的主时钟约束脚本将会被保存到标识为 target 的 .xdc 文件中。

图 3.15 未保存的主时钟约束脚本

图 3.16 保存按钮

如图 3.17 所示,该实例的约束脚本已经保存在.xdc 文件中了。

```
at7_pin_constraints.xdc
1  set_property PACKAGE_PIN N11 [get_ports i_clk]
2  set_property IOSTANDARD LVTTL [get_ports i_clk]
3  set_property PACKAGE_PIN T2 [get_ports i_rst_n]
4  set_property IOSTANDARD LVTTL [get_ports i_rst_n]
5  set_property PACKAGE_PIN E6 [get_ports o_pwm]
6  set_property IOSTANDARD LVTTL [get_ports o_pwm]
7
8  create_clock -period 20.000 -name SYS_CLK -waveform {0.000 10.000} [get_ports i_clk]
```

图 3.17 .xdc 文件中新添加的约束脚本

对工程重新进行编译,先单击 Open Implemented Design 选项,再选择菜单项 Reports→Timing→Report Timing Summary。如图 3.18 所示,约束的主时钟 SYS_CLK 的时序分析报告出现在 Intra-Clock Paths 分类中了。

Timing

	Intra-Clock Paths - SYS_CLK
General Information	
Timer Settings	Clock: SYS_CLK
Design Timing Summary	
Clock Summary (2)	Statistics
> Check Timing (2)	
∨ Intra-Clock Paths	
∨ SYS_CLK	
Setup 12.732 ns (10)	
Hold 0.037 ns (10)	
Pulse Width 8.750 ns (30)	

Type	Worst Slack	Total Violation	Failing Endpoints	Total Endpoints
Setup	12.732 ns	0.000 ns	0	1249
Hold	0.037 ns	0.000 ns	0	1249
Pulse Width	8.750 ns	0.000 ns	0	793

图 3.18 主时钟 SYS_CLK 的时序分析报告

实例 3.7:Clocking Wizard IP 主时钟自动约束

对于很多与时钟相关的 IP,如 Clocking Wizard IP(此 IP 可以配置 MMCM 和 PLL 等

时钟管理单元),在配置完成后都会自动生成相应的约束文件,并不需要用户手动添加主时钟约束命令。

如图 3.19 所示,在 Clocking Wizard IP 的配置页面中,设定输入主时钟(Primary Input Clock)的时钟频率(Input Frequency)为 50MHz,默认的输入抖动(Input Jitter)为 200ps。

Input Clock Information							
	Input Clock	Port Name	Input Frequency(MHz)		Jitter Options	Input Jitter	Source
	Primary	clk_in1	50 ⊗	10.000 - 800.000	PS ▾	200.000	Single ended clock capable pin
☐	Secondary	clk_in2	100.000	28.571 - 57.143		100.000	Single ended clock capable pin

图 3.19 Clocking Wizard IP 的输入时钟参数配置

如图 3.20 所示,在 Clocking Wizard IP 的输出时钟(Output Clocks)页面中设定了 25MHz(clk_out1)、50MHz(clk_out2)和 75MHz(clk_out3)这 3 个输出时钟频率。

Component Name clk_wiz_0

Clocking Options | **Output Clocks** | Port Renaming | MMCM Settings | Summary

The phase is calculated relative to the active input clock.

Output Clock	Port Name	Output Freq (MHz)		Phase (degrees)		Duty Cycle (%)		Drives
		Requested	Actual	Requested	Actual	Requested	Actual	
☑ clk_out1	clk_out1	25 ⊗	25.000	0.000 ⊗	0.000	50.000	50.0	BUFG
☑ clk_out2	clk_out2	50 ⊗	50.000	0.000 ⊗	0.000	50.000	50.0	BUFG
☑ clk_out3	clk_out3	75 ⊗	75.000	0.000 ⊗	0.000	50.000	50.0	BUFG
☐ clk_out4	clk_out4	100.000	N/A	0.000	N/A	50.000	N/A	BUFG
☐ clk_out5	clk_out5	100.000	N/A	0.000	N/A	50.000	N/A	BUFG
☐ clk_out6	clk_out6	100.000	N/A	0.000	N/A	50.000	N/A	BUFG
☐ clk_out7	clk_out7	100.000	N/A	0.000	N/A	50.000	N/A	BUFG

图 3.20 Clocking Wizard IP 的输出时钟参数配置

IP 生成后,如图 3.21 所示,在 Synthesis 子文件夹下,可以看到有多个.xdc 文件,但是只有 clk_wiz_0.xdc 文件中包含有效的约束命令。这里的两条命令约束了 clk_wiz_0 IP 的输入信号 clk_in1 为周期 20ns 的主时钟,其 jitter 约束为 0.2ns,与前面 GUI 中的设定一致。

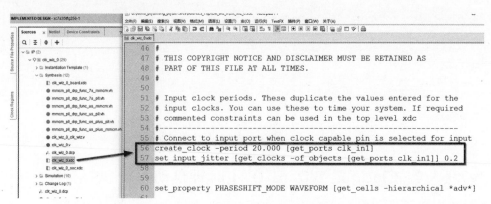

图 3.21 clk_wiz_0.xdc 文件

如图 3.22 所示,单击 Open Implemented Design 选项,进行工程编译。

完成编译后,如图 3.23 所示,再选择菜单项 Reports→Timing→Report Timing Summary。

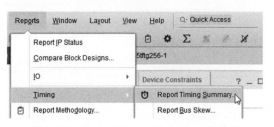

图 3.22 Open Implemented Design 菜单项　　　图 3.23 Report Timing Summary 菜单项

弹出的 Timing 页面如图 3.24 所示。单击页面左侧的 Clock Summary 选项,可以看到页面右侧列出了由输入时钟 sys_clk_i(clk_in1)所衍生的所有时钟信号。也就是说,当配置好 Clocking Wizard IP 的输入时钟参数后,该输入时钟及其相关的衍生时钟(clk_out1/ clk_out2/ clk_out3),Vivado 都自动实现了时序约束和分析。

Timing				
	Clock Summary			
Name	Waveform	Period (ns)	Frequency (MHz)	
sys_clk_i	{0.000 10.000}	20.000	50.000	
clk_out1_clk_wiz_0	{0.000 20.000}	40.000	25.000	
clk_out2_clk_wiz_0	{0.000 10.000}	20.000	50.000	
clk_out3_clk_wiz_0	{0.000 6.667}	13.333	75.000	
clkfbout_clk_wiz_0	{0.000 10.000}	20.000	50.000	

General Information
Timer Settings
Design Timing Summary
Clock Summary (5)
> Check Timing (292)
> Intra-Clock Paths
> Inter-Clock Paths
> Other Path Groups
> User Ignored Paths
> Unconstrained Paths

图 3.24 Timing 页面

对于做过约束的主时钟,如图 3.25 所示,单击展开 Timing 页面左侧的 Intra-Clock Paths,可以看到每个时钟独立的时序路径报告。

实例 3.8:查看主时钟时序路径的分析报告

如图 3.26 所示,展开 Intra-Clock Paths 下的主时钟 clk_out1_clk_wiz_0,可以看到 Setup、Hold 和 Pulse Width 报告,默认 Setup 和 Hold 时序路径各有 10 条,即时序余量最少的 10 条路径。

1) Setup 路径分析

如图 3.27 所示,选中其中一条 Setup 路径并右击,在弹出的菜单中选择 View Path Report。

如图 3.28 所示,此时可以看到这条 Setup 路径的详细时序信息。Summary 中给出了一些重要的时序信息,其中最重要的就是时序余量信息(Slack)。它的值若为正数,表示时

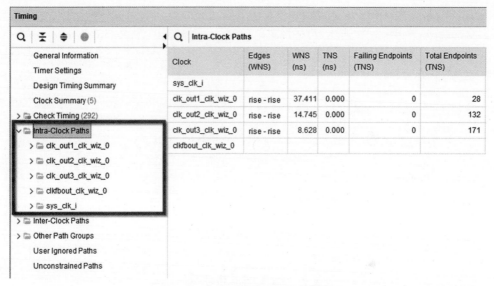

图 3.25　Intra-Clock Paths 分类项

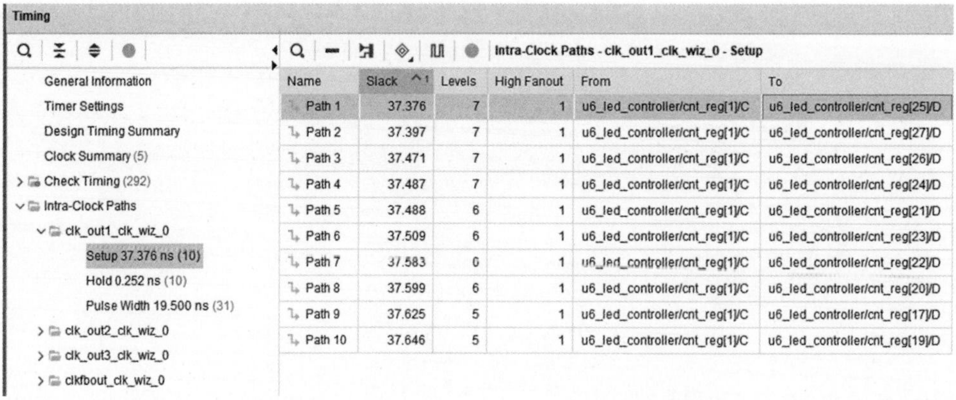

图 3.26　主时钟 clk_out1_clk_wiz_0 报告列表

序有余量,正值越大,则余量越大;它的值若为负数,表示该路径的时序失败了,需要重新检查设计和时序约束并进行优化整改。

对于建立时间的 Slack 值,计算公式如下。可以参考 2.3 节的详细分析。

```
Setup Slack = Required Time - Arrival Time
Required Time = Destination Clock Path
Arrival Time = Data Path (include Source Clock Path)
```

如图 3.29 所示,Source Clock Path 的延时为 -0.837ns,包含了 Source Clock Path 的 Data Path 总延时为 1.686ns。而不含 Source Clock Path 的纯 Data Path 延时为 1.686ns-(-0.837ns)=2.523ns(Summary 中的 Data Path Delay 值)。

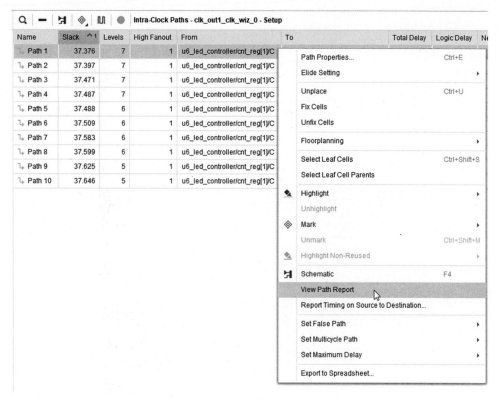

图 3.27　View Path Report 菜单项

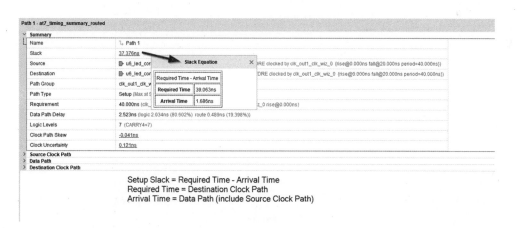

图 3.28　Setup 路径报告的 Summary

　　如图 3.30 所示，Destination Clock Path 延时为 39.063ns，其中包括了时钟锁存沿 40ns、CPR 时间 0.561ns、时钟不确定时间−0.121ns、建立时间 0.062ns。如果扣除这些时间，锁存时钟的纯路径延时为 39.063ns−40ns−0.561ns−(−0.121ns)−0.062ns=−1.439ns，是一个比较短的时钟延时时间。

Source Clock Path

Delay Type	Incr (ns)	Path (ns)	Location	Netlist Resource(s)
(clock clk_out1_clk_wiz_0 rise edge)	(r) 0.000	0.000		
	(r) 0.000	0.000	Site: N11	sys_clk_i
net (fo=0)	0.000	0.000		u1_clk_wiz_0/inst/clk_in1
IBUF (Prop_ibuf_I_O)	(r) 1.519	1.519	Site: N11	u1_clk_wiz_0/inst/clkin1_ibufg/O
net (fo=1, routed)	1.233	2.752		u1_clk_wiz_0/inst/clk_in1_clk_wiz_0
MMCME2_ADV (Prop_mmc...adv_CLKIN1_CLKOUT0)	(r) -6.965	-4.213	Site: MMCM..._ADV_X0Y0	u1_clk_wiz_0/inst/mmcm_adv_inst/CLKOUT0
net (fo=1, routed)	1.666	-2.546		u1_clk_wiz_0/inst/clk_out1_clk_wiz_0
BUFG (Prop_bufg_I_O)	(r) 0.096	-2.450	Site: BUFGCTRL_X0Y0	u1_clk_wiz_0/inst/clkout1_buf/O
net (fo=29, routed)	1.613	-0.837		u6_led_controller/clk
FDRE			Site: SLICE_X65Y70	u6_led_controller/cnt_reg[1]/C

时序报告中Data Path值包含了Source Clock Path值

Data Path

Delay Type	Incr (ns)	Path (ns)	Location	Netlist Resource(s)
FDRE (Prop_fdre_C_Q)	(r) 0.456	-0.381	Site: SLICE_X65Y70	u6_led_controller/cnt_reg[1]/Q
net (fo=1, routed)	0.480	0.099		u6_led_controller/cnt_reg_n_0_[1]
CARRY4 (Prop_carry4_S[1]_CO[3])	(r) 0.674	0.773	Site: SLICE_X65Y70	u6_led_controller/cnt_reg[0]_i_1/CO[3]
net (fo=1, routed)	0.000	0.773		u6_led_controller/cnt_reg[0]_i_1_n_0
CARRY4 (Prop_carry4_CI_CO[3])	(r) 0.114	0.887	Site: SLICE_X65Y71	u6_led_controller/cnt_reg[4]_i_1/CO[3]
net (fo=1, routed)	0.000	0.887		u6_led_controller/cnt_reg[4]_i_1_n_0
CARRY4 (Prop_carry4_CI_CO[3])	(r) 0.114	1.001	Site: SLICE_X65Y72	u6_led_controller/cnt_reg[8]_i_1/CO[3]
net (fo=1, routed)	0.000	1.001		u6_led_controller/cnt_reg[8]_i_1_n_0
CARRY4 (Prop_carry4_CI_CO[3])	(r) 0.114	1.115	Site: SLICE_X65Y73	u6_led_controller/cnt_reg[12]_i_1/CO[3]
net (fo=1, routed)	0.000	1.115		u6_led_controller/cnt_reg[12]_i_1_n_0
CARRY4 (Prop_carry4_CI_CO[3])	(r) 0.114	1.229	Site: SLICE_X65Y74	u6_led_controller/cnt_reg[16]_i_1/CO[3]
net (fo=1, routed)	0.009	1.238		u6_led_controller/cnt_reg[16]_i_1_n_0
CARRY4 (Prop_carry4_CI_CO[3])	(r) 0.114	1.352	Site: SLICE_X65Y75	u6_led_controller/cnt_reg[20]_i_1/CO[3]
net (fo=1, routed)	0.000	1.352		u6_led_controller/cnt_reg[20]_i_1_n_0
CARRY4 (Prop_carry4_CI_O[1])	(r) 0.334	1.686	Site: SLICE_X65Y76	u6_led_controller/cnt_reg[24]_i_1/O[1]
net (fo=1, routed)	0.000	1.686		u6_led_controller/cnt_reg[24]_i_1_n_6
FDRE			Site: SLICE_X65Y76	u6_led_controller/cnt_reg[25]/D
Arrival Time		1.686		

图 3.29　Setup 路径报告的 Source Clock Path 和 Data Path

Destination Clock Path

Delay Type	Incr (ns)	Path (ns)	Location	Netlist Resource(s)
(clock clk_out1_clk_wiz_0 rise edge)	(r) 40.000	40.000		
	(r) 0.000	40.000	Site: N11	sys_clk_i
net (fo=0)	0.000	40.000		u1_clk_wiz_0/inst/clk_in1
IBUF (Prop_ibuf_I_O)	(r) 1.448	41.448	Site: N11	u1_clk_wiz_0/inst/clkin1_ibufg/O
net (fo=1, routed)	1.162	42.610		u1_clk_wiz_0/inst/clk_in1_clk_wiz_0
MMCME2_ADV (Prop_mmc...adv_CLKIN1_CLKOUT0)	(r) -7.221	35.388	Site: MMCM..._ADV_X0Y0	u1_clk_wiz_0/inst/mmcm_adv_inst/CLKOUT0
net (fo=1, routed)	1.587	36.975		u1_clk_wiz_0/inst/clk_out1_clk_wiz_0
BUFG (Prop_bufg_I_O)	(r) 0.091	37.066	Site: BUFGCTRL_X0Y0	u1_clk_wiz_0/inst/clkout1_buf/O
net (fo=29, routed)	1.494	38.560		u6_led_controller/clk
FDRE			Site: SLICE_X65Y76	u6_led_controller/cnt_reg[25]/C
clock pessimism	0.561	39.122		
clock uncertainty	-0.121	39.001		
FDRE (Setup_fdre_C_D)	0.062	39.063	Site: SLICE_X65Y76	u6_led_controller/cnt_reg[25]
Required Time		39.063		

图 3.30　Setup 路径报告的 Destination Clock Path

以寄存器模型来标示这些延时时间参数,如图 3.31 所示。在 Slack 的计算中,39.063ns－1.686ns＝37.377ns,为什么 Summary 中给出的 Slack 值是 37.376ns 呢? 这个误差应该是四舍五入引起的,实际 Slack 的计算,精度应该比报告中显示出来的更高,所以就可能产生 0.001ns 的计算偏差。

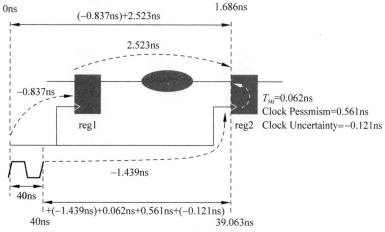

图 3.31　标示延时时间的寄存器模型

将时钟、数据等路径分开,Slack 的运算如下。

Setup Slack
$=$Clock Periord$-$($-$Clock Path Skew$+$Clock Uncertainty)$-$Data Path Delay$-$Setup Time
$=40\mathrm{ns}-(-(-0.041\mathrm{ns})+0.121\mathrm{ns})-2.523\mathrm{ns}-(-0.062\mathrm{ns})=37.377\mathrm{ns}$
(实际工程中四舍五入的结果为 37.376ns)

时钟偏斜(Clock Path Skew)时间的计算如图 3.32 所示。在 Slack 计算中,Clock Path Skew 作为正值项进行累加。如果 Clock Path Skew 取值为正,也即时钟到达目的寄存器比源寄存器的延时时间要长一些,那么就为数据路径的建立时间增加了余量。

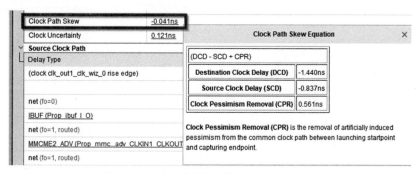

图 3.32　Setup 路径报告的 Clock Path Skew

2) Hold 路径分析

如图 3.33 所示,Hold 路径的 Slack 计算公式与 Setup 路径的 Slack 计算公式的减数和被减数的位置正好对调。这也很好解释,建立时间检查要保证的是实际数据到达时间

（Arrival Time）必须早于规定时间（Required Time），而保持时间检查要保证的是实际数据到达时间不能早于规定时间。

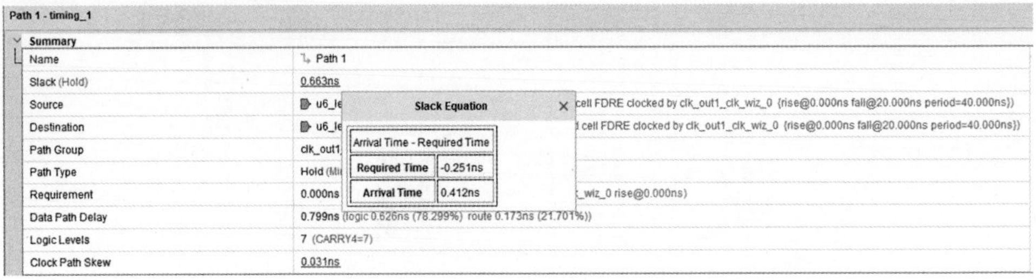

Path 1 - timing_1		
∨ Summary		
Name	⌐ Path 1	
Slack (Hold)	0.663ns	
Source	▷ u6_le	cell FDRE clocked by clk_out1_clk_wiz_0 {rise@0.000ns fall@20.000ns period=40.000ns})
Destination	▷ u6_le	l cell FDRE clocked by clk_out1_clk_wiz_0 {rise@0.000ns fall@20.000ns period=40.000ns})
Path Group	clk_out1	
Path Type	Hold (Mi	
Requirement	0.000ns	_wiz_0 rise@0.000ns)
Data Path Delay	0.799ns (logic 0.626ns (78.299%) route 0.173ns (21.701%))	
Logic Levels	7 (CARRY4=7)	
Clock Path Skew	0.031ns	

Slack Equation popup:

Slack Equation	✕
Arrival Time - Required Time	
Required Time	-0.251ns
Arrival Time	0.412ns

图 3.33　Hold 路径报告的 Summary

如图 3.34 所示，Data Path 延时包含了 Source Clock Path 延时，即它算出的最终值就是 Arrival Time。

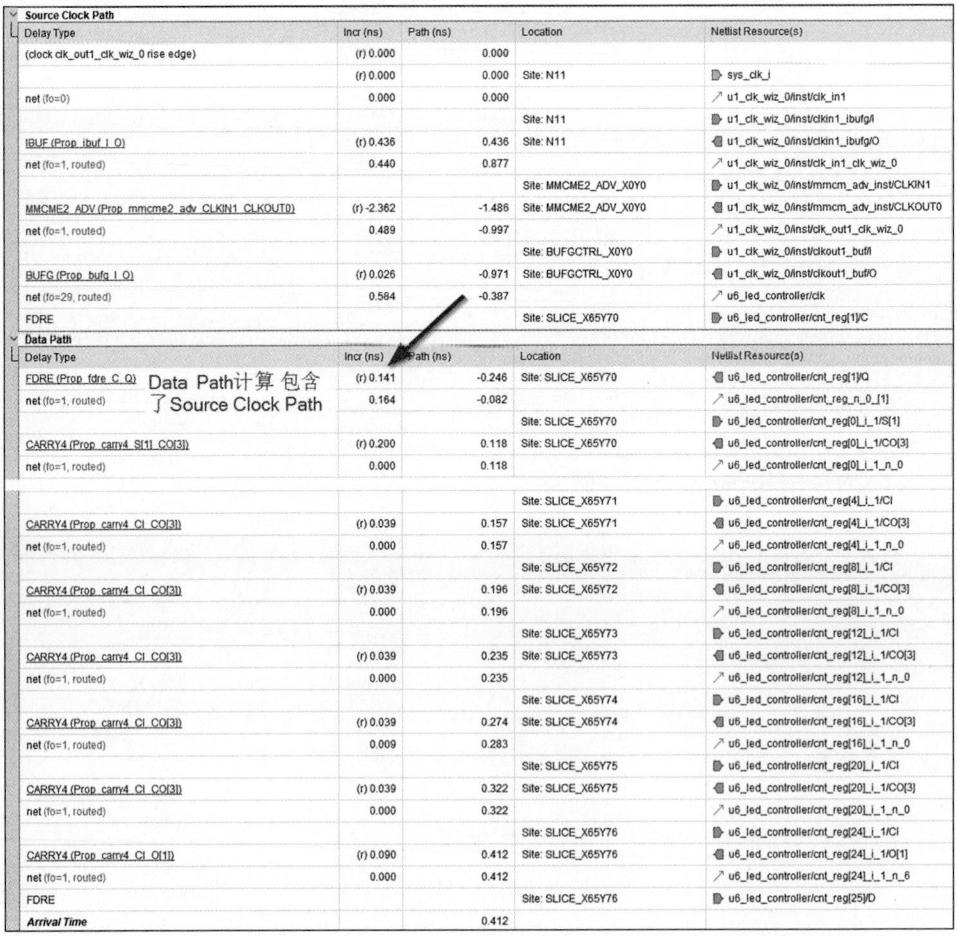

Source Clock Path				
Delay Type	Incr (ns)	Path (ns)	Location	Netlist Resource(s)
(clock clk_out1_clk_wiz_0 rise edge)	(r) 0.000	0.000		
	(r) 0.000	0.000	Site: N11	▷ sys_clk_i
net (fo=0)	0.000	0.000		↗ u1_clk_wiz_0/inst/clk_in1
			Site: N11	◁ u1_clk_wiz_0/inst/clkin1_ibufg/I
IBUF (Prop_ibuf_I_O)	(r) 0.436	0.436	Site: N11	◁ u1_clk_wiz_0/inst/clkin1_ibufg/O
net (fo=1, routed)	0.440	0.877		↗ u1_clk_wiz_0/inst/clk_in1_clk_wiz_0
			Site: MMCME2_ADV_X0Y0	▷ u1_clk_wiz_0/inst/mmcm_adv_inst/CLKIN1
MMCME2_ADV (Prop_mmcme2_adv_CLKIN1_CLKOUT0)	(r) -2.362	-1.486	Site: MMCME2_ADV_X0Y0	◁ u1_clk_wiz_0/inst/mmcm_adv_inst/CLKOUT0
net (fo=1, routed)	0.489	-0.997		↗ u1_clk_wiz_0/inst/clk_out1_clk_wiz_0
			Site: BUFGCTRL_X0Y0	▷ u1_clk_wiz_0/inst/clkout1_buf/I
BUFG (Prop_bufg_I_O)	(r) 0.026	-0.971	Site: BUFGCTRL_X0Y0	◁ u1_clk_wiz_0/inst/clkout1_buf/O
net (fo=29, routed)	0.584	-0.387		↗ u6_led_controller/clk
FDRE			Site: SLICE_X65Y70	▷ u6_led_controller/cnt_reg[1]/C
∨ Data Path				
Delay Type	Incr (ns)	Path (ns)	Location	Netlist Resource(s)
FDRE (Prop_fdre_C_Q)	(r) 0.141	-0.246	Site: SLICE_X65Y70	◁ u6_led_controller/cnt_reg[1]/Q
net (fo=1, routed)	0.164	-0.082		↗ u6_led_controller/cnt_reg_n_0_[1]
			Site: SLICE_X65Y70	▷ u6_led_controller/cnt_reg[0]_i_1/S[1]
CARRY4 (Prop_carry4_S[1]_CO[3])	(r) 0.200	0.118	Site: SLICE_X65Y70	◁ u6_led_controller/cnt_reg[0]_i_1/CO[3]
net (fo=1, routed)	0.000	0.118		↗ u6_led_controller/cnt_reg[0]_i_1_n_0
			Site: SLICE_X65Y71	▷ u6_led_controller/cnt_reg[4]_i_1/CI
CARRY4 (Prop_carry4_CI_CO[3])	(r) 0.039	0.157	Site: SLICE_X65Y71	◁ u6_led_controller/cnt_reg[4]_i_1/CO[3]
net (fo=1, routed)	0.000	0.157		↗ u6_led_controller/cnt_reg[4]_i_1_n_0
			Site: SLICE_X65Y72	▷ u6_led_controller/cnt_reg[8]_i_1/CI
CARRY4 (Prop_carry4_CI_CO[3])	(r) 0.039	0.196	Site: SLICE_X65Y72	◁ u6_led_controller/cnt_reg[8]_i_1/CO[3]
net (fo=1, routed)	0.000	0.196		↗ u6_led_controller/cnt_reg[8]_i_1_n_0
			Site: SLICE_X65Y73	▷ u6_led_controller/cnt_reg[12]_i_1/CI
CARRY4 (Prop_carry4_CI_CO[3])	(r) 0.039	0.235	Site: SLICE_X65Y73	◁ u6_led_controller/cnt_reg[12]_i_1/CO[3]
net (fo=1, routed)	0.000	0.235		↗ u6_led_controller/cnt_reg[12]_i_1_n_0
			Site: SLICE_X65Y74	▷ u6_led_controller/cnt_reg[16]_i_1/CI
CARRY4 (Prop_carry4_CI_CO[3])	(r) 0.039	0.274	Site: SLICE_X65Y74	◁ u6_led_controller/cnt_reg[16]_i_1/CO[3]
net (fo=1, routed)	0.009	0.283		↗ u6_led_controller/cnt_reg[16]_i_1_n_0
			Site: SLICE_X65Y75	▷ u6_led_controller/cnt_reg[20]_i_1/CI
CARRY4 (Prop_carry4_CI_CO[3])	(r) 0.039	0.322	Site: SLICE_X65Y75	◁ u6_led_controller/cnt_reg[20]_i_1/CO[3]
net (fo=1, routed)	0.000	0.322		↗ u6_led_controller/cnt_reg[20]_i_1_n_0
			Site: SLICE_X65Y76	▷ u6_led_controller/cnt_reg[24]_i_1/CI
CARRY4 (Prop_carry4_CI_O[1])	(r) 0.090	0.412	Site: SLICE_X65Y76	◁ u6_led_controller/cnt_reg[24]_i_1/O[1]
net (fo=1, routed)	0.000	0.412		↗ u6_led_controller/cnt_reg[24]_i_1_n_6
FDRE			Site: SLICE_X65Y76	▷ u6_led_controller/cnt_reg[25]/D
Arrival Time		0.412		

(注：Data Path 计算包含了 Source Clock Path)

图 3.34　Hold 路径报告的 Source Clock Path 和 Data Path

Hold Slack＝Arrival Time－Required Time

Required Time＝Destination Clock Path

Arrival Time＝Data Path（include Source Clock Path）

如图 3.35 所示，Destination Clock Path 延时中包括 0.423ns 的 CPR 时间和 0.105ns 的寄存器 Hold 时间，它算出的最终值即 Required Time。

Destination Clock Path				
Delay Type	Incr (ns)	Path (ns)	Location	Netlist Resource(s)
(clock clk_out1_clk_wiz_0 rise edge)	(r) 0.000	0.000		
	(r) 0.000	0.000	Site: N11	sys_clk_i
net (fo=0)	0.000	0.000		u1_clk_wiz_0/inst/clk_in1
			Site: N11	u1_clk_wiz_0/inst/clkin1_ibufg/I
IBUF (Prop_ibuf_I_O)	(r) 0.475	0.475	Site: N11	u1_clk_wiz_0/inst/clkin1_ibufg/O
net (fo=1, routed)	0.480	0.955		u1_clk_wiz_0/inst/clk_in1_clk_wiz_0
			Site: MMCM..._ADV_X0Y0	u1_clk_wiz_0/inst/mmcm_adv_inst/CLKIN1
MMCME2_ADV (Prop_mmc...adv_CLKIN1_CLKOUT0)	(r) -3.145	-2.191	Site: MMCM..._ADV_X0Y0	u1_clk_wiz_0/inst/mmcm_adv_inst/CLKOUT0
net (fo=1, routed)	0.534	-1.657		u1_clk_wiz_0/inst/clk_out1_clk_wiz_0
			Site: BUFGCTRL_X0Y0	u1_clk_wiz_0/inst/clkout1_buf/I
BUFG (Prop_bufg_I_O)	(r) 0.029	-1.628	Site: BUFGCTRL_X0Y0	u1_clk_wiz_0/inst/clkout1_buf/O
net (fo=29, routed)	0.848	-0.779		u6_led_controller/clk
FDRE			Site: SLICE_X65Y76	u6_led_controller/cnt_reg[25]/C
clock pessimism	0.423	-0.356		
FDRE (Hold_fdre_C_D)	0.105	-0.251	Site: SLICE_X65Y76	u6_led_controller/cnt_reg[25]
Required Time		-0.251		

图 3.35　Hold 路径报告的 Destination Clock Path

以寄存器模型来表达这些延时时间参数，如图 3.36 所示。Hold Slack＝Data Path－Destination Clock Path＝0.412ns－（－0.251ns）＝0.663ns。其中 Data Path＝Source Clock Path Time＋pure Data Path Time＝－0.387ns＋0.799ns＝0.412ns；Destination Clock Path 中包含了 Capture Edge of Hold Time（保持时间锁存沿，0ns）、pure Destination Clock Path Time（纯目标时钟路径延时时间－0.779ns）、寄存器保持时间（0.105ns）和 clock pessimism（0.423ns）。

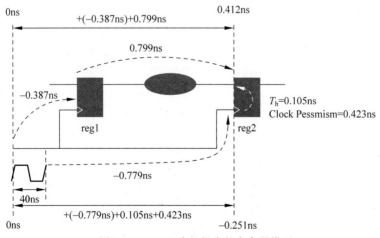

图 3.36　Hold 路径报告的寄存器模型

实例3.9：跨时钟域的时序分析

截至目前介绍的都是针对同步时钟进行的时序分析与约束,而在实际工程中,跨时钟域的传输也是很常见的。对于一个跨时钟域的时序逻辑设计,FPGA 工具会如何进行分析呢?

先简单回顾一下同步时钟的寄存器模型及其建立时间关系和保持时间关系。如图 3.37 所示,这是一个典型的同步时钟的寄存器模型。在这个模型中,源寄存器 reg1 和目的寄存器 reg2 使用相同的时钟信号。

如图 3.38 所示,对应同步时钟的建立时间关系中,启动沿和锁存沿相差一个时钟周期;保持时间关系中,启动沿和锁存沿是同一个时钟沿。

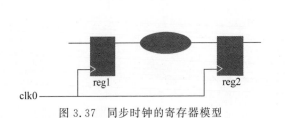

图 3.37　同步时钟的寄存器模型　　　　图 3.38　同步时钟的建立时间关系和保持时间关系

再看异步时钟的寄存器模型,如图 3.39 所示。在这个模型中,源寄存器 reg1 的时钟 clk1 和目的寄存器 reg2 的时钟 clk2,不是同一个时钟,它们可能是同频异相(频率相同,相位不同)或者频率、相位完全不同的两个时钟。

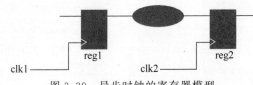

图 3.39　异步时钟的寄存器模型

如图 3.40～图 3.43 所示,这是一些典型的异步时钟的建立时间关系和保持时间关系。归纳起来,原则就是,**时序分析工具会竭尽所能地寻找发射沿之后最近的一个锁存沿,以此作为最坏情况的建立时间关系;同时寻找与发射沿对齐或者在发射沿之前最近的一个锁存沿,以此作为最坏情况的保持时间关系。换句话说,建立时间关系的最坏情况,就是寻找发射沿之后最近的锁存沿(最小的正向时间);保持时间关系的最坏情况,就是寻找发射沿之前(包括与发射沿对齐)最近的一个锁存沿(最小的负向时间)。**

图 3.40　同频异相时钟的建立时间关系和保持时间关系

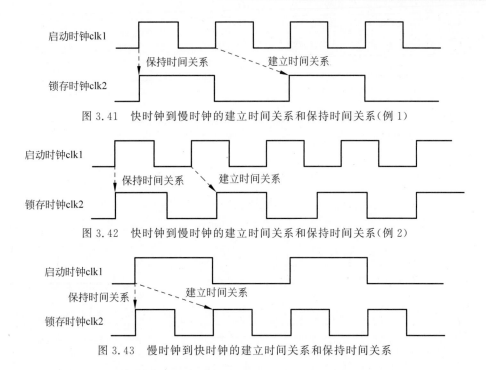

图 3.41　快时钟到慢时钟的建立时间关系和保持时间关系(例 1)

图 3.42　快时钟到慢时钟的建立时间关系和保持时间关系(例 2)

图 3.43　慢时钟到快时钟的建立时间关系和保持时间关系

如图 3.44 所示,在 Vivado 中配置 PLL 输出不同的时钟信号,其频率和相位分别为 50MHz@0ns、200MHz@0ns 和 50MHz@90°(20/4＝5ns)。

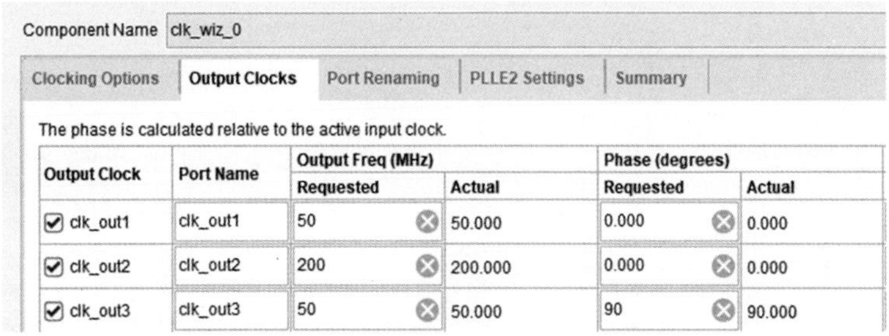

图 3.44　PLL 配置产生的 3 个时钟信号

在设计中让这 3 个时钟分别有一些不同时钟之间的数据交互,下面再看一下在时序报告中,默认对这些跨时钟域路径的建立时间关系和保持时间关系的寻找。

如图 3.45 所示,50MHz@0ns 到 200MHz@0ns 的时序路径,找到了最坏情况的建立时间关系,即 Requirement 为 5ns 进行分析。

如图 3.46 所示,50MHz@0ns 到 200MHz@0ns 的时序路径,找到了最坏情况的保持时间关系,即 Requirement 为 0ns 进行分析。

如图 3.47 所示,200MHz@0ns 到 50MHz@0ns 的时序路径,找到了最坏情况的建立时间关系,即 Requirement 为 5ns 进行分析。

Summary	
Name	Path 61
Slack	-1.518ns
Source	i_periord_reg[2]/C (rising edge-triggered cell FDRE clocked by clk_out1_clk_wiz_0_1 {rise@0.000ns fall@10.000ns period=20.000ns})
Destination	r_pcnt_reg[0]/R (rising edge-triggered cell FDRE clocked by clk_out2_clk_wiz_0_1 {rise@0.000ns fall@2.500ns period=5.000ns})
Path Group	clk_out2_clk_wiz_0_1
Path Type	Setup (Max at Slow Process Corner)
Requirement	5.000ns (clk_out2_clk_wiz_0_1 rise@5.000ns - clk_out1_clk_wiz_0_1 rise@0.000ns)
Data Path Delay	5.671ns (logic 2.951ns (52.035%) route 2.720ns (47.965%))
Logic Levels	12 (CARRY4=9 LUT1=1 LUT2=1 LUT4=1)
Clock Path Skew	-0.203ns
Clock Uncertainty	0.214ns

图 3.45 慢时钟到快时钟的建立时间报告

Summary	
Name	Path 72
Slack (Hold)	0.420ns
Source	i_periord_reg[23]/C (rising edge-triggered cell FDRE clocked by clk_out1_clk_wiz_0_1 {rise@0.000ns fall@10.000ns period=20.000ns})
Destination	r_cnt_en_reg/D (rising edge-triggered cell FDRE clocked by clk_out2_clk_wiz_0_1 {rise@0.000ns fall@2.500ns period=5.000ns})
Path Group	clk_out2_clk_wiz_0_1
Path Type	Hold (Min at Fast Process Corner)
Requirement	0.000ns (clk_out2_clk_wiz_0_1 rise@0.000ns - clk_out1_clk_wiz_0_1 rise@0.000ns)
Data Path Delay	1.040ns (logic 0.650ns (62.527%) route 0.390ns (37.473%))
Logic Levels	6 (CARRY4=3 LUT1=1 LUT6=2)
Clock Path Skew	0.315ns
Clock Uncertainty	0.214ns

图 3.46 慢时钟到快时钟的保持时间报告

Summary	
Name	Path 61
Slack	-1.466ns
Source	i_periord_reg[2]/C (rising edge-triggered cell FDRE clocked by clk_out2_clk_wiz_0_1 {rise@0.000ns fall@2.500ns period=5.000ns})
Destination	r_pcnt_reg[4]/R (rising edge-triggered cell FDRE clocked by clk_out1_clk_wiz_0_1 {rise@0.000ns fall@10.000ns period=20.000ns})
Path Group	clk_out1_clk_wiz_0_1
Path Type	Setup (Max at Slow Process Corner)
Requirement	5.000ns (clk_out1_clk_wiz_0_1 rise@20.000ns - clk_out2_clk_wiz_0_1 rise@15.000ns)
Data Path Delay	5.618ns (logic 2.994ns (53.288%) route 2.624ns (46.712%))
Logic Levels	11 (CARRY4=8 LUT1=1 LUT2=1 LUT4=1)
Clock Path Skew	-0.204ns
Clock Uncertainty	0.214ns

图 3.47 快时钟到慢时钟的建立时间报告

如图 3.48 所示，200MHz@0ns 到 50MHz@0ns 的时序路径，找到了最坏情况的保持时间关系，即 Requirement 为 0ns 进行分析。

如图 3.49 所示，50MHz@0ns 到 50MHz@5ns 的时序路径，找到了最坏情况的建立时间关系，即 Requirement 为 5ns 进行分析。

如图 3.50 所示，50MHz@0ns 到 50MHz@5ns 的时序路径，找到了最坏情况的保持时间关系，即 Requirement 为-15ns 进行分析。

Summary	
Name	Path 71
Slack (Hold)	0.247ns
Source	i_en_reg/C (rising edge-triggered cell FDRE clocked by clk_out2_clk_wiz_0_1 {rise@0.000ns fall@2.500ns period=5.000ns})
Destination	r_en_reg[0]/D (rising edge-triggered cell FDRE clocked by clk_out1_clk_wiz_0_1 {rise@0.000ns fall@10.000ns period=20.000ns})
Path Group	clk_out1_clk_wiz_0_1
Path Type	Hold (Min at Fast Process Corner)
Requirement	0.000ns (clk_out1_clk_wiz_0_1 rise@0.000ns - clk_out2_clk_wiz_0_1 rise@0.000ns)
Data Path Delay	0.856ns (logic 0.141ns (16.475%) route 0.715ns (83.525%))
Logic Levels	0
Clock Path Skew	0.320ns
Clock Uncertainty	0.214ns

图 3.48　快时钟到慢时钟的保持时间报告

Summary	
Name	Path 81
Slack	2.879ns
Source	uut_debug_vio/inst/PROBE_OUT_ALL_INST/G_PROBE_OUT[3].PROBE_OUT0_INST/Probe_out_reg[8]/C (rising edge-triggered cell FDRE clocked by clk_out1_clk_wiz_0_1 {rise@0.000ns fall@10.000ns period=20.000ns})
Destination	i_times_reg[8]/D (rising edge-triggered cell FDRE clocked by clk_out3_clk_wiz_0_1 {rise@5.000ns fall@15.000ns period=20.000ns})
Path Group	clk_out3_clk_wiz_0_1
Path Type	Setup (Max at Slow Process Corner)
Requirement	5.000ns (clk_out3_clk_wiz_0_1 rise@5.000ns - clk_out1_clk_wiz_0_1 rise@0.000ns)
Data Path Delay	1.430ns (logic 0.478ns (33.421%) route 0.952ns (66.579%))
Logic Levels	0
Clock Path Skew	-0.200ns
Clock Uncertainty	0.214ns

图 3.49　同频异相时钟的建立时间报告

Summary	
Name	Path 91
Slack (Hold)	14.655ns
Source	uut_debug_vio/inst/PROBE_OUT_ALL_INST/G_PROBE_OUT[2].PROBE_OUT0_INST/Probe_out_reg[1]/C (rising edge-triggered cell FDRE clocked by clk_out1_clk_wiz_0_1 {rise@0.000ns fall@10.000ns period=20.000ns})
Destination	i_high_reg[1]/D (rising edge-triggered cell FDRE clocked by clk_out3_clk_wiz_0_1 {rise@5.000ns fall@15.000ns period=20.000ns})
Path Group	clk_out3_clk_wiz_0_1
Path Type	Hold (Min at Fast Process Corner)
Requirement	-15.000ns (clk_out3_clk_wiz_0_1 rise@5.000ns - clk_out1_clk_wiz_0_1 rise@20.000ns)
Data Path Delay	0.253ns (logic 0.141ns (55.730%) route 0.112ns (44.270%))
Logic Levels	0
Clock Path Skew	0.314ns
Clock Uncertainty	0.214ns

图 3.50　同频异相时钟的保持时间报告

了解了 FPGA 工具对跨时钟域设计的时序分析后,大家可能会有疑问,如果都以最严苛的建立时间关系和保持时间关系进行时序分析,很多时候是很难保证时序收敛的。而且实际设计中,对于这些跨时钟域的信号,通常设计者在设计它们的跨时钟域逻辑时,已经确保了即便两个时钟的关系处于最坏的情况,仍然不会影响设计功能。换句话说,从设计的角度,这些跨时钟域路径的时序约束通常是可以放松约束的。那么如何更改 FPGA 工具默认的时序检查关系呢? 在第 7 章的多周期约束中会有详细的讲解。

3.4　虚拟时钟约束

在主时钟约束的基本语法中,get_ports 是指定主时钟的实际物理节点。如果指定了这个主时钟的实际物理节点,也就意味着这个主时钟是实际存在于 FPGA 器件内的。

```
create_clock – name < clock_name > – period < period > – waveform {< rise_time > < fall_time >}
[get_ports < port_name >]
```

但在一些时序路径中,如一些引脚上的数据信号,其同步时钟只存在于外部芯片,并不存在于 FPGA 器件内。这种情况下,为了时序分析的需要也必须定义一个时钟用于描述时序数据引脚的外部时钟信号,这个时钟就称为虚拟时钟。顾名思义,这个时钟并不是实际存在于 FPGA 器件中的,因此它在定义时无须依附于任何设计中的实际物理节点(不像主时钟约束时必须有实际的端口或网络相映射)。虚拟时钟同样是以 create_clock 命令进行约束定义的,但无须指定目标端口或网络。

虚拟时钟通常被用于以下一些情况中的输入或输出延时约束。

- 时序分析(一般是 I/O 引脚相关的时序路径)的参考时钟并不是 FPGA 内部的某个设计时钟(主时钟)。
- 与 FPGA 器件的 I/O 路径相关的内部驱动时钟与其板级驱动时钟并不是完全同步的。
- 设计者希望对 I/O 的驱动时钟指定一些特殊的抖动和延时值,但又不希望影响此时钟在 FPGA 内部的时钟传输特性。

例如,时钟周期为 10ns,并且不依附于任何目标网络的时钟信号 clk_virt,其约束定义时的目标网络属性就无须指定。其名称定义就是 clk_virt,约束脚本如下。

```
create_clock – name clk_virt – period 10
```

虚拟时钟也必须在其被输入或输出延时约束引用前做好定义。

3.5 虚拟时钟约束实例

实例 3.10:系统同步接口 pin2reg 的虚拟时钟约束

第 2 章提到的系统同步接口,如图 3.51 所示。对于 pin2reg 的系统同步接口,目的寄存器 reg2 的驱动时钟是实际存在的,设计者可以对其进行主时钟约束,而源寄存器的主时钟 reg1 并不会传输到 FPGA 器件,此时设计者就可以对其进行虚拟时钟约束,以便于时序分析。

对源寄存器的同步时钟 vclk 进行虚拟时钟约束,对目的寄存器的同步时钟 clk 进行主时钟约束。约束脚本如下。

```
create_clock – period 10.000 – name VIR_CLK – waveform {0.000 5.000}
create_clock – period 10.000 – name SYS_CLK – waveform {0.000 5.000} [get_ports clk]
```

如图 3.52 所示,若源寄存器和目的寄存器的时钟存在相差,则两个时钟的约束参数就会发生改变,应根据实际情况进行约束。

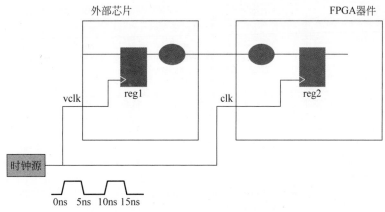

图 3.51 相同时钟 pin2reg 系统同步接口

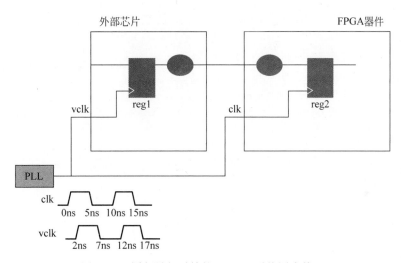

图 3.52 同频异相时钟的 pin2reg 系统同步接口

根据实际情况,分别约束定义两个时钟的参数。约束脚本如下。

```
create_clock - period 10.000 - name VIR_CLK - waveform {2.000 7.000}
create_clock - period 10.000 - name SYS_CLK - waveform {0.000 5.000} [get_ports clk]
```

实例 3.11:系统同步接口 reg2pin 的虚拟时钟约束

对于 reg2pin 的系统同步接口,如图 3.53 所示,源寄存器 reg1 的驱动时钟是实际存在的,设计者可以对其进行主时钟约束,而目的寄存器的主时钟 reg2 并不会传输到 FPGA 器件,此时设计者就可以对其进行虚拟时钟约束,以便于时序分析。

对源寄存器的同步时钟 clk 进行主时钟约束,对目的寄存器的同步时钟 vclk 进行虚拟时钟约束。约束脚本如下。

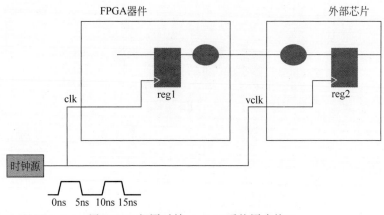

图 3.53　相同时钟 reg2pin 系统同步接口

```
create_clock – period 10.000 – name VIR_CLK – waveform {0.000 5.000}
create_clock – period10.000 – name SYS_CLK – waveform {0.000 5.000} [get_ports clk]
```

如图 3.54 所示,若源寄存器和目的寄存器的时钟存在相差,则两个时钟的约束参数就会发生改变,应根据实际情况进行约束。

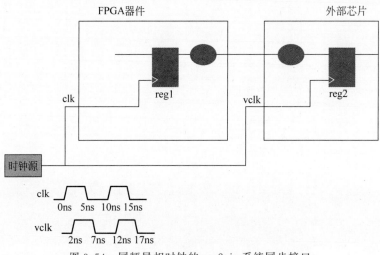

图 3.54　同频异相时钟的 reg2pin 系统同步接口

根据实际情况,分别约束定义两个时钟的参数。约束脚本如下。

```
create_clock – period 10.000 – name VIR_CLK – waveform {2.000 7.000}
create_clock – period 10.000 – name SYS_CLK – waveform {0.000 5.000} [get_ports clk]
```

3.6　时钟特性约束

3.6.1　时钟抖动与不确定性约束语法

在 2.1 节已经介绍了时钟的基本特性,并且也提到了一些影响时钟偏差的因素。

时钟周期及其波形属性(如上升沿时间、下降沿时间、占空比、相移时间等)代表了理想时钟的基本特性。但在真实世界中,当时钟在 FPGA 器件内部传输时,会经过各种时钟缓冲器、时钟管理单元以及固有的时钟走线路径,加上各种不可避免的硬件噪声,都会引起时钟沿的延时和波形变化,称其为时钟的传输时延和时钟不确定性。

在 FPGA 的时序分析中,时钟的偏差特性,主要是通过时钟抖动(Clock Jitter)和时钟不确定性(Clock Uncertainty)进行约束定义的。

3.6.2　时钟抖动

对于时钟抖动,一般推荐使用 Vivado 时序工具默认产生的时钟抖动值。若设计者希望更改某个时钟信号的默认时钟抖动值,可以使用 set_input_jitter 命令进行更改,指定这个时钟的峰峰(peak-to-peak)抖动值。set_input_jitter 命令只能约束主时钟(主时钟约束的时钟)的抖动值,不能用于约束衍生时钟的抖动值。除了 MMCM 或 PLL 外,主时钟所设定的时钟抖动值将会传递给它的衍生时钟。每条 set_input_jitter 命令只能约束一个主时钟,若需要约束多个主时钟的抖动值,则需要多条命令分别进行约束。

若系统电源存在较大噪声,如 FPGA 器件核压 VCCINT 由于大量节点的同时开关、串扰、温度突变等因素导致全局的时钟抖动,可以使用 set_system_jitter 命令对系统抖动(System Jitter)进行定义。Vivado 时序工具自动使用 set_system_jitter 命令约束了 0.050ns 的默认系统抖动值。若非必要,通常不建议设计者再用 set_system_jitter 命令去设定一个新的系统抖动值。

无论是使用 set_input_jitter 命令约束的输入抖动,还是使用 set_system_jitter 命令约束的系统抖动,在 Vivado 工具中进行时序分析时,都会作为时钟不确定性的一部分进行计算。

时钟的系统抖动值和输入抖动值通常都是符合高斯分布的一些随机值,因此以其均方值作为最坏情况进行计算,即最坏情况的系统抖动值(T_{sj})计算公式如下。

$$T_{sj} = sqrt(SourceClockSystemJitter^2 + DestinationClockSystemJitter^2)$$

式中,^2 表示开平方,sqrt 表示开根号。

例如,使用默认的 0.050ns 的系统抖动值,计算出来的 T_{sj} 值如下。

$$T_{sj} = sqrt(0.050^2 + 0.050^2) = 0.071ns = 71ps$$

set_input_jitter 的基本语法结构如下。

```
set_input_jitter [get_clocks < clock_name >] < jitter_in_ns >
```

- get_clocks 用于指定需要约束抖动值的主时钟名< clock_name >，注意这个主时钟必须是事先约束定义好的。
- < jitter_in_ns > 指定抖动值，取值必须大于或等于 0，单位为 ns。

set_system_jitter 的基本语法结构如下。

```
set_system_jitter < jitter_in_ns >
```

- < jitter_in_ns >指定所有时钟的系统抖动值，取值必须大于或等于 0，单位为 ns。

例如，对时钟引脚 clk 做主时钟约束，命名为 sysclk，使用 set_system_jitter 约束该主时钟的输入抖动值为 0.1ns，命令如下。

```
create_clock – period 10 – name sysclk [get_ports clk]
set_system_jitter sysclk 0.1
```

以下两条命令分别约束主时钟 clk1 和 clk2 的输入抖动值为 0.3ns 和 0.3ns。虽然它们的时钟抖动值一样，但仍然需要使用 set_input_jitter 命令为两个时钟分别设定抖动值。

```
set_input_jitter clk1 0.3
set_input_jitter clk2 0.3
```

以下的约束中，首先对时钟引脚 clk 做主时钟约束，命名为 sysclk；接着约束定义了主时钟 sysclk 的 2 分频衍生时钟 sysclkdiv2；最后对主时钟 sysclk 使用 set_input_jitter 命令约束其抖动值为 0.15ns。在进行时序分析时，主时钟 sysclk 的 0.15ns 时钟抖动值，也会同样传递到衍生时钟 sysclkdiv2，作为它的时钟抖动值。

```
create_clock – period 10 – name sysclk [get_ports clk]
create_generated_clock – name sysclkdiv2 – source [get_ports sysclk] – divide_by 2 [get_pins
clkgen/sysclkdiv/Q]
set_input_jitter sysclk 0.15
```

3.6.3　时钟不确定性

除时钟抖动以外的所有可能影响时钟周期性偏差的因素，都可以使用 set_clock_uncertainty 命令进行约束定义。

set_clock_uncertainty 的基本语法结构如下。

```
set_clock_uncertainty – setup – from [get_clocks < clock0_name >] – to [get_clocks < clock1_
name >]< uncertainty_value >
```

- -setup 表示定义建立时间检查的时钟不确定性时间,也可以使用-hold 表示定义保持时间检查的时钟不确定性时间;如果不指定-setup 和-hold,则表示同时定义建立时间检查和保持时间检查的不确定性时间。
- -from 指定源时钟,-to 指定目标时钟,对于非跨时钟域的路径,一般不需要指定-from 和-to。
- get_clocks 用于指定实际的时钟物理节点名称< clock0_name >或< clock1_name >。
- < uncertainty_value >指定时钟不确定时间,单位为 ns。

虽然使用 set_system_jitter 和 set_input_jitter 命令约束的抖动值最终都会计算到时钟不确定时间中用于时序分析,但使用 set_clock_uncertainty 命令约束的时钟不确定性值并不会影响 set_system_jitter 和 set_input_jitter 命令约束的抖动值,而是在它们之外,额外增加约束值计算到时钟不确定时间中用于时序分析。为了区分 set_clock_uncertainty 命令约束的时钟不确定性值和用于时序分析计算出来的时钟不确定时间,称 set_clock_uncertainty 命令约束的时钟不确定性值为用户不确定性(User Uncertainty,UU)时间,它只是最终用于时序分析的时钟不确定性时间的一部分。

在时序分析中,主时钟约束或衍生时钟约束的 FPGA 器件中的时钟信号(虚拟时钟除外),在进行建立时间关系和保持时间关系的 Data Required Time 计算时,都会将时钟不确定性时间考虑在内。计算建立时间关系的数据需求时间时,时钟不确定时间作为一个加项;计算保持时间的数据需求时间时,时钟不确定时间作为一个减项。为何一个是加项,一个是减项?从原理上讲,其根本原因是**在计算建立时间余量或保持时间余量时,时钟不确定时间必须作为需要预留出来的一部分余量予以扣除。**

时序分析时的 Clock Uncertainty 时间的计算公式如下。

$$\text{Clock Uncertainty} = (\text{sqrt}(T_{sj}{}^\wedge 2 + T_{ij}{}^\wedge 2) + D_j)/2 + PE + UU$$

- T_{sj} 是最坏情况的系统抖动时间,它由 set_system_jitter 设定值换算而得。
- T_{ij} 是 set_input_jitter 设定的输入抖动时间。
- D_j 是由一些硬件原语(如 MMCM 或 PLL 等)产生的离散时钟抖动。
- PE(Phase Error)也是由于使用 MMCM 或 PLL 等产生的相位误差,一般都有固定的模型值。
- UU(User Uncertainty)是使用 set_clock_uncertainty 命令设定的时钟不确定性时间值。

当设计者希望为某个时钟或某两个时钟之间的时序路径人为地增加时序余量时,也可以使用 set_clock_uncertainty 命令进行约束定义。相比于通过故意提高主时钟约束的时钟频率(高于实际频率)增加余量,这种约束方法不更改原有时钟的边沿变化特性和时钟相关性,是更安全稳妥的增加时序余量的约束设计方法。时序分析工具将会把这部分额外增加的时钟不确定性时间并入数据需求时间进行时序分析,同时也会对建立时间和保持时间分别进行分析计算。

例如,若要给主时钟 clk 增加 500ps(0.5ns)的余量,以增加该时钟的建立时间和保持时间对可能的外部噪声的鲁棒性设计,那么可以使用以下命令为时钟 clk 设定额外的 0.5ns 的时钟不确定性时间。

```
set_clock_uncertainty -from clk -to clk0 0.500
```

如果这个例子中,数据路径是跨时钟域的,即源时钟和目标时钟是两个不同的主时钟,且数据的传输是双向的,那么这时候应该将 0.5ns 的时钟不确定性时间分半(0.25ns)分别对两个时钟进行设置。如下对主时钟 clk0 和 clk1 分别设定 0.25ns 的不确定性时间。

```
set_clock_uncertainty -from clk0 -to clk1 0.250 -setup
set_clock_uncertainty -from clk1 -to clk0 0.250 -setup
```

3.7 时钟抖动与不确定性约束实例

实例 3.12:使用 GUI 约束时钟抖动和不确定时间

打开 Vivado 软件,进入时序约束(Timing Constraints)编辑界面,如图 3.55 所示,约束分类区的 Set Input Jitter 和 Set System Jitter 选项分别用于添加设置单个时钟的输入抖动和所有时钟的输入抖动,Set Clock Uncertainty 则用于约束时钟不确定性时间。

如图 3.56 所示,选中时钟约束分类中的 Set Clock Uncertainty,单击右侧界面的＋号就可以添加新的约束。

Set Clock Uncertainty 约束界面如图 3.57 所示。

- Uncertainty value 后可以设置时钟不确定时间,单位为 ns。
- Uncertainty applies to 可以设置不确定时间应用范围,可以是 setup、hold 或 setup/hold。

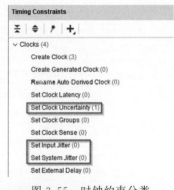

图 3.55 时钟约束分类

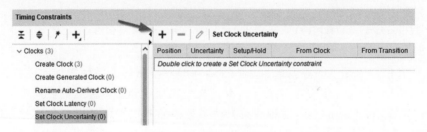

图 3.56 添加新的约束

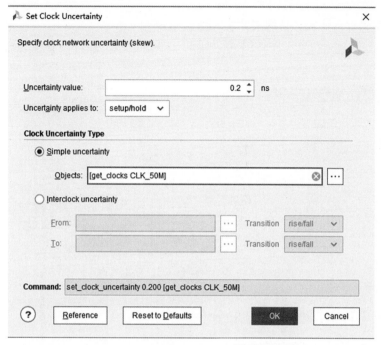

图 3.57 Set Clock Uncertainty 约束界面

- Clock Uncertainty Type 下可以选择使用 Simple uncertainty 或 Interclock uncertainty 两种约束方式。Simple uncertainty 针对同步时钟(源时钟和目标时钟相同),只需要指定主时钟名称即可。Interclock uncertainty 针对异步时钟(源时钟和目标时钟不同),需要分别指定源时钟和目标时钟。

Set Input Jitter 约束界面如图 3.58 所示。

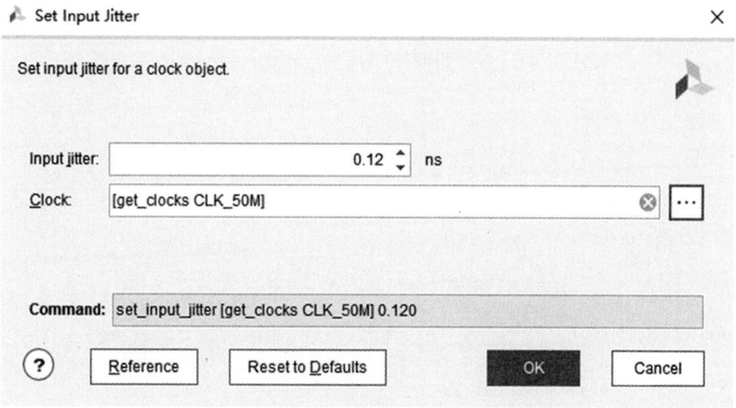

图 3.58 Set Input Jitter 约束界面

- Input jitter 后可以设置抖动值,单位为 ns。
- Clock 后指定输入抖动约束的主时钟名称。

Set System Jitter 约束界面如图 3.59 所示。只需要在 System jitter 后设置抖动值即可,单位为 ns。

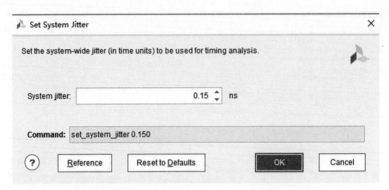

图 3.59　Set System Jitter 约束界面

实例 3.13：时钟抖动约束分析

对于从外部输入的两个主时钟 CLK_50M 和 CLK_100M,它们的建立时间报告分别如图 3.60 和图 3.61 所示。此时并没有使用任何约束命令添加额外的抖动或时钟不确定性时间。因此,在两份报告中只有 T_{sj} 取值不为 0,而是 0.071ns,它的取值是由于 Vivado 工具默认设置了系统抖动时间为 0.05ns,由公式 sqrt(0.05^2＋0.05^2)算出结果为 0.0707ns,四舍五入后显示 0.071ns。

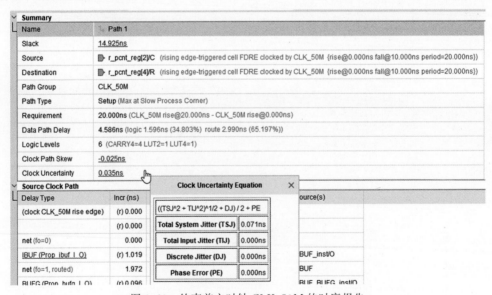

图 3.60　约束前主时钟 CLK_50M 的时序报告

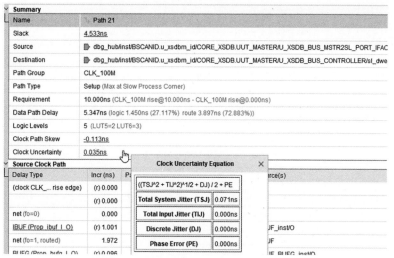

图 3.61　约束前主时钟 CLK_100M 的时序报告

由以下公式,最终算得 Clock Uncertainty 值为 0.0354ns,四舍五入显示 0.035ns。

$$Clock\ Uncertainty = (sqrt(T_{sj}{}^2 + T_{ij}{}^2) + D_j)/2 + PE + UU$$

下面,使用如下两条命令,对输入时钟 CLK_50M 设置输入抖动值 0.120ns,系统抖动值 0.150ns。

```
set_input_jitter [get_clocks CLK_50M] 0.120
set_system_jitter 0.150
```

重新编译设计,得到两个主时钟的新的时序报告,分别如图 3.62 和图 3.63 所示。

Summary	
Name	Path 1
Slack	14.675ns
Source	▶ r_pcnt_reg[13]/C (rising edge-triggered cell FDRE clocked by CLK_50M {rise@0.000ns fall@10.000ns period=20.000ns})
Destination	▶ r_pcnt_reg[4]/R (rising edge-triggered cell FDRE clocked by CLK_50M {rise@0.000ns fall@10.000ns period=20.000ns})
Path Group	CLK_50M
Path Type	Setup (Max at Slow Process Corner)
Requirement	20.000ns (CLK_50M rise@20.000ns - CLK_50M rise@0.000ns)
Data Path Delay	4.753ns (logic 1.330ns (27.983%) route 3.423ns (72.017%))
Logic Levels	5 (CARRY4=3 LUT2=1 LUT4=1)
Clock Path Skew	-0.021ns
Clock Uncertainty	0.122ns

Source Clock Path			
Delay Type	Incr (ns)		esource(s)
(clock CLK_50M rise edge)	(r) 0.000		
	(r) 0.000		
net (fo=0)	0.000		
IBUF (Prop_ibuf_I_O)	(r) 1.019		_IBUF_inst/O
net (fo=1, routed)	1.972		_IBUF
BUFG (Prop_bufg_I_O)	(r) 0.096		IBUF_BUFG_inst/O

Clock Uncertainty Equation

$$((TSJ^2 + TIJ^2)^{1/2} + DJ) / 2 + PE$$

Total System Jitter (TSJ)	0.212ns
Total Input Jitter (TIJ)	0.120ns
Discrete Jitter (DJ)	0.000ns
Phase Error (PE)	0.000ns

图 3.62　约束后主时钟 CLK_50M 的时序报告

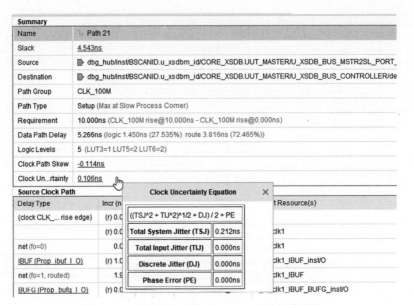

图 3.63　约束后主时钟 CLK_100M 的时序报告

系统抖动时间约束为 0.15ns,覆盖了默认的 0.05ns,由公式 sqrt(0.15^2＋0.15^2)算出 T_{sj} 值为 0.2121ns,四舍五入后显示 0.212ns。

由于对主时钟 CLK_50M 额外设置了输入抖动值 0.12ns,所以在其报告中看到 T_{ij} 值为 0.12ns。主时钟 CLK_100M 并未设置输入抖动值,所以其 T_{ij} 值仍然为 0。

按照 Clock Uncertainty 的计算公式,可以算出最终主时钟 CLK_50M 的 Clock Uncertainty 值为 0.1218ns,四舍五入后显示 0.122ns。主时钟 CLK_100M 的 Clock Uncertainty 值为 0.1061ns,四舍五入后显示 0.106ns。

实例 3.14：时钟不确定性约束分析

对于从外部输入的主时钟 CLK_50M,它的建立时间报告如图 3.64 所示。

下面使用 set_clock_uncertainty 命令,对输入时钟 CLK_50M 设置不确定时间值为 0.2ns。

```
set_clock_uncertainty 0.200 [get_clocks CLK_50M]
```

对设计重新编译,得到约束后的主时钟 CLK_50M 的时序报告,如图 3.65 所示。

此时,报告中新增了一个 User Uncertainty(UU)项,取值 0.2ns,即用 set_clock_uncertainty 命令所设定的值。重新算得 Clock Uncertainty 值为 0.2354ns,四舍五入后显示 0.235ns。

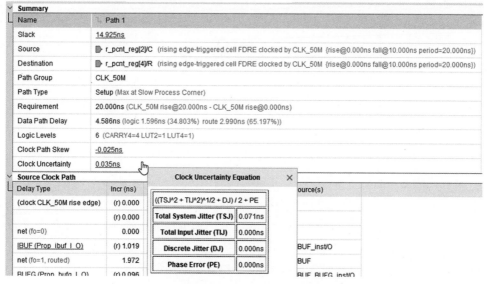

图 3.64　约束前主时钟 CLK_50M 的时序报告

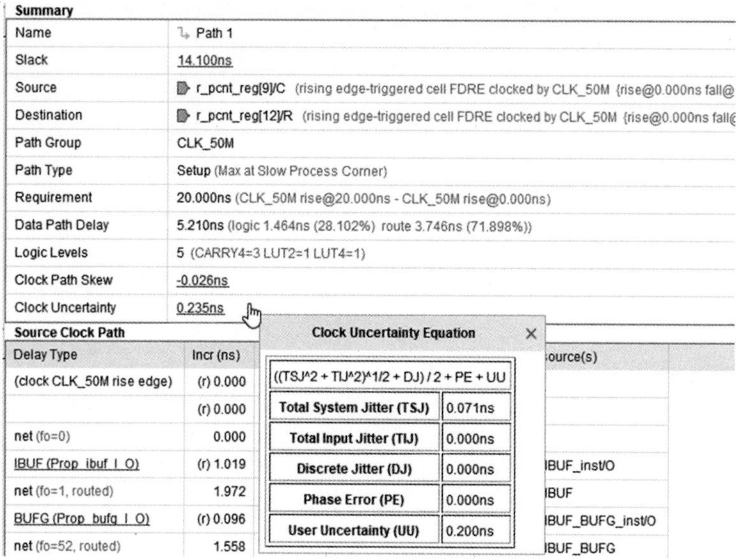

图 3.65　约束后主时钟 CLK_50M 的时序报告

3.8　时钟延时约束语法

FPGA 内部时钟的延时路径如图 3.66 所示。对于已经做过主时钟约束的时钟,时序分析时通常都会自动计算其时钟延时值并给出详细报告,设计者不需要额外约束这些内部时钟的延时。

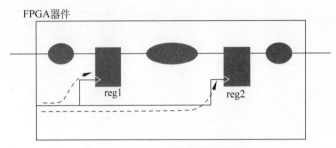

图 3.66　FPGA 内部时钟延时路径

　　而对于 FPGA 外部输入的同步时钟信号,如图 3.67 所示,有时为了建模需要,可能需要设计者增加一些时钟延时约束以指定这些时钟在 FPGA 器件之外的一些时钟延时特性。在第 2 章的引脚到寄存器接口时序约束中,并未专门约束时钟延时,但也将这些路径的时钟延时考虑到了最大和最小 set_input_delay 约束值的计算中了。**对于 FPGA 的时序约束而言,也是条条大路通罗马,只要厘清基本原理,即便使用不同的时序约束方式,也可以达到同样的时序检查目的。**

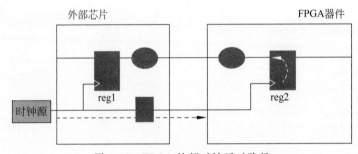

图 3.67　FPGA 外部时钟延时路径

　　使用 set_clock_latency 约束命令可以实现时钟延时值的设置,其基本语法如下。

```
set_clock_latency [ - clock < args >] [ - rise] [ - fall] [ - min] [ - max] [ - source] < latency >
< objects >
```

- [-clock] 后指定约束时钟(由< objects >指定)所相对的时钟名称< args >,[-clock < args >]是可选项。若不定义时钟< args >,则时钟延时值< latency >将会应用于所有目标时钟< objects >所驱动的时序路径。
- [-rise] [-fall] 指定时钟延时的边沿。
- [-min] [-max] 指定时钟延时的最大值或最小值。[-min]或[-max]只能指定其一,若不指定则延时值同时作为最大值和最小值进行定义。
- [-source] 指定时钟延时的基本类型,[-source]即源延时,也可以是[-network],即网络延时。若不指定时钟延时类型,则默认为[-network]类型。时钟源延时([-source])约束用于定义时序分析时实际使用的时钟相对于它的理想时钟波形的延时。例如,对于外部引脚输入的时钟信号,其由晶振源经过 PCB 板级延时到达 FPGA 引脚的路径延时就可以作为时钟源延时进行约束定义。时钟网络延时 ([-network])约束用于定义时钟信号从设计中的某个指定节点传输到寄存器的时钟输入端口的延时。时钟到达寄存器输入端口的总延时包括了时钟源延时和时钟网络延时。

- <latency>指定时钟延时值,单位为 ns。
- <objects> 指定约束时钟的名称。

下面举个简单的约束实例,指定时钟 CLK_A 的上升沿的时钟源延时为 0.4ns。

```
set_clock_latency - source - rise 0.4 [get_ports CLK_A]
```

3.9 时钟延时约束实例

实例 3.15:查看 FPGA 内部时钟延时、时钟偏斜计算

如图 3.68 所示,在查看详细的寄存器到寄存器的建立时间检查报告时,Summary 中都会列出其时钟偏斜(Clock Path Skew)。在报告的时钟偏斜所在行中,右击后,可以看到时钟偏斜计算公式(Clock Path Skew Equation)。

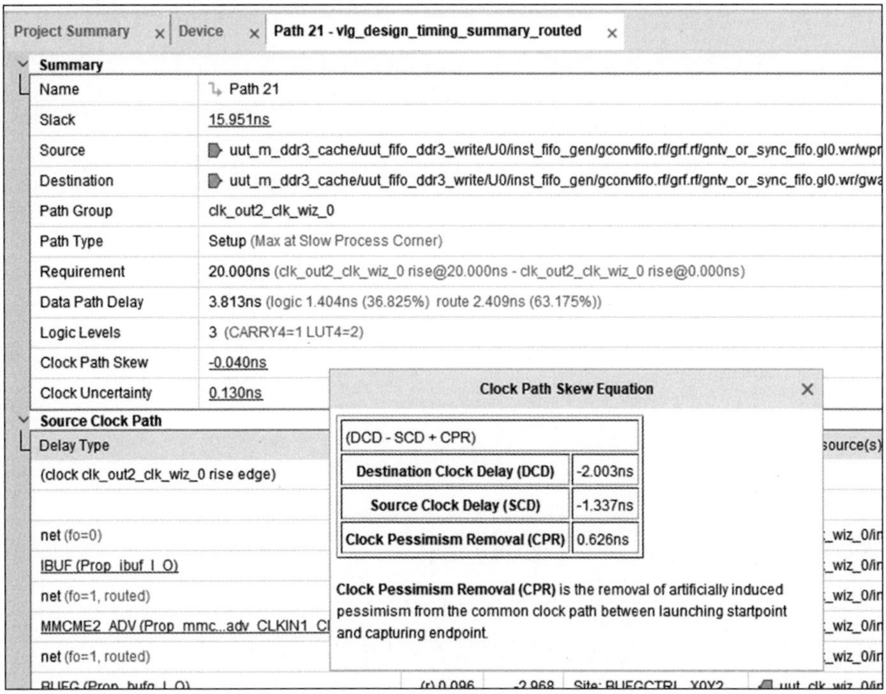

图 3.68 时钟偏斜报告

时钟偏斜计算公式主要包括以下 3 个计算项。

- 源时钟延时(Source Clock Delay,SCD)。
- 目标时钟延时(Destination Clock Delay,DCD)。
- 时钟共同路径延时差(Clock Pessimism Removal,CPR)。

这 3 个延时项在 2.3.4 节中已有详细介绍。它们之间通过公式(DCD−SCD+CPR)计算后即可得到时钟偏斜值。

如图 3.69 所示,源时钟延时在 Source Clock Path 的报告中计算,包括了列出的所有延时项,最终计算出来是−1.337ns。

Source Clock Path				
Delay Type	Incr (ns)	Path (ns)	Location	Netlist Resource(s)
(clock clk_out2_clk_wiz_0 rise edge)	(r) 0.000	0.000		
	(r) 0.000	0.000	Site: N13	i_clk
net (fo=0)	0.000	0.000		uut_clk_wiz_0/inst/clk_in1
IBUF (Prop_ibuf_I_O)	(r) 1.001	1.001	Site: N13	uut_clk_wiz_0/inst/clkin1_ibufg/O
net (fo=1, routed)	1.233	2.234		uut_clk_wiz_0/inst/clk_in1_clk_wiz_0
MMCME2_ADV (Prop_mmc..adv_CLKIN1_CLKOUT1)	(r) -6.965	-4.730	Site: MMCM..._ADV_X0Y0	uut_clk_wiz_0/inst/mmcm_adv_inst/CLKOUT1
net (fo=1, routed)	1.666	-3.064		uut_clk_wiz_0/inst/clk_out2_clk_wiz_0
BUFG (Prop_bufg_I_O)	(r) 0.096	-2.968	Site: BUFGCTRL_X0Y2	uut_clk_wiz_0/inst/clkout2_buf/O
net (fo=126, routed)	1.631	-1.337		uut_m_ddr3_cache/uut_fifo_ddr3_write/U0/in...rt/gntv_or_sync_fifo.gl0.wr/wpntr/wr_c
FDRE			Site: SLICE_X1Y34	uut_m_ddr3_cache/uut_fifo_ddr3_write/U0/i...fo.gl0.wr/wpntr/gic0.gc0.count_reg[10]/C

图 3.69　源时钟延时报告

如图 3.70 所示,目标时钟延时在 Destination Clock Path 的报告中也详细列出了具体的延时项,图示圈出的延时项累加(0.000+0.000+0.867+1.162−7.221+1.587+0.091+1.511)结果便是目标时钟延时−2.003ns。时钟共同路径延时差则是 clock pessimism 所列的 0.626ns。

Destination Clock Path				
Delay Type	Incr (ns)	Path (ns)	Location	Netlist Resource(s)
(clock clk_out2_clk_wiz_0 rise edge)	(r) 20.000	20.000		
	(r) 0.000	20.000	Site: N13	i_clk
net (fo=0)	0.000	20.000		uut_clk_wiz_0/inst/clk_in1
IBUF (Prop_ibuf_I_O)	(r) 0.867	20.867	Site: N13	uut_clk_wiz_0/inst/clkin1_ibufg/O
net (fo=1, routed)	1.162	22.029		uut_clk_wiz_0/inst/clk_in1_clk_wiz_0
MMCME2_ADV (Prop_mmc..adv_CLKIN1_CLKOUT1)	(r) -7.221	14.808	Site: MMCM..._ADV_X0Y0	uut_clk_wiz_0/inst/mmcm_adv_inst/CLKOUT1
net (fo=1, routed)	1.587	16.395		uut_clk_wiz_0/inst/clk_out2_clk_wiz_0
BUFG (Prop_bufg_I_O)	(r) 0.091	16.486	Site: BUFGCTRL_X0Y2	uut_clk_wiz_0/inst/clkout2_buf/O
net (fo=126, routed)	1.511	17.997		uut_m_ddr3_cache/uut_fifo_ddr3_write/U0/i...ntv_or_sync_fifo.gl0.wr/gwas.wsts/wr_
FDRE			Site: SLICE_X5Y34	uut_m_ddr3_cache/uut_fifo_ddr3_write/U0/i...fifo.gl0.wr/gwas.wsts/ram_full_fb_i_reg
clock pessimism	0.626	18.623		
clock uncertainty	-0.130	18.494		
FDRE (Setup_fdre_C_D)	-0.067	18.427	Site: SLICE_X5Y34	uut_m_ddr3_cache/uut_fifo_ddr3_write/U0/i...c_fifo.gl0.wr/gwas.wsts/ram_full_fb_i_re
Required Time		18.427		

图 3.70　目标时钟延时报告

实例 3.16:输入时钟的延时约束

一条引脚到寄存器路径的源时钟(虚拟时钟)在未做任何时钟延时约束时的报告如图 3.71 所示。此时的 ideal clock network latency 值为 0.000ns。

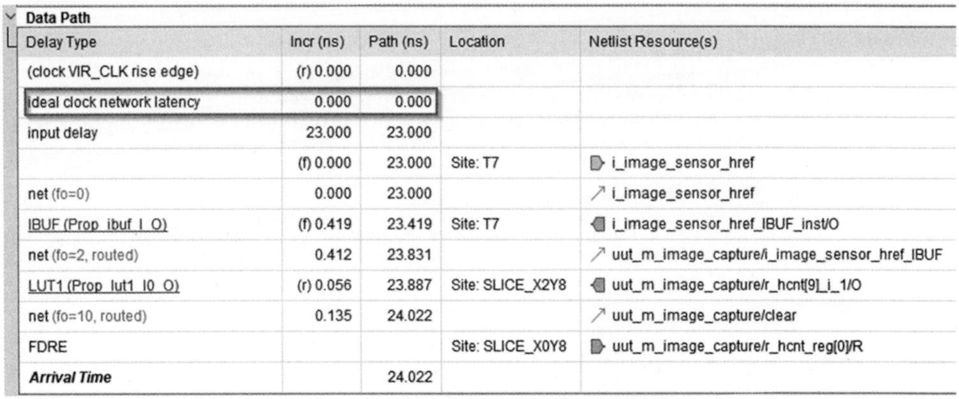

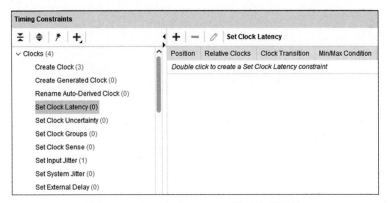

Data Path				
Delay Type	Incr (ns)	Path (ns)	Location	Netlist Resource(s)
(clock VIR_CLK rise edge)	(r) 0.000	0.000		
ideal clock network latency	0.000	0.000		
input delay	23.000	23.000		
	(f) 0.000	23.000	Site: T7	i_image_sensor_href
net (fo=0)	0.000	23.000		i_image_sensor_href
IBUF (Prop ibuf I O)	(f) 0.419	23.419	Site: T7	i_image_sensor_href_IBUF_inst/O
net (fo=2, routed)	0.412	23.831		uut_m_image_capture/i_image_sensor_href_IBUF
LUT1 (Prop lut1 I0 O)	(r) 0.056	23.887	Site: SLICE_X2Y8	uut_m_image_capture/r_hcnt[9]_i_1/O
net (fo=10, routed)	0.135	24.022		uut_m_image_capture/clear
FDRE			Site: SLICE_X0Y8	uut_m_image_capture/r_hcnt_reg[0]/R
Arrival Time		24.022		

图 3.71　时钟延时约束前的报告

打开 Timing Constraints 编辑界面,如图 3.72 所示,选择 Clocks→Set Clock Latency,在右侧约束编辑界面中可以添加新的时钟延时约束或修改已有的延时约束。

图 3.72　Set Clock Latency 延时约束菜单

如图 3.73 所示,这里为虚拟时钟 VIR_CLK 添加了一个 2.5ns 的时钟源延时。其约束命令如下。

```
set_clock_latency - source 2.5 [get_clocks VIR_CLK]
```

当重新进行编译后,如图 3.74 所示,由 VIR_CLK 作为源时钟的引脚到寄存器的时序报告中,在原来的 ideal clock network latency 的上一行,出现了一个新的延时项,即延时值为 2.5ns 的 clock source latency,这就是为 VIR_CLK 新添加的时钟源延时。

如图 3.75 所示,若在时钟延时约束时,指定 Latency type 为 Network,即时钟网络延时约束。相应的约束命令如下。命令中没有指定-source 或-network 类型,则默认为-network 类型。

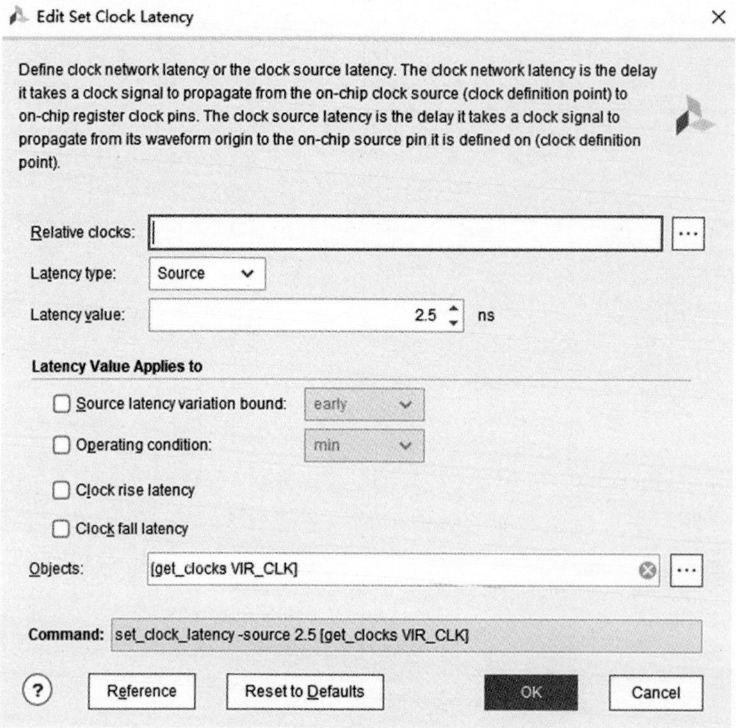

图 3.73　时钟源延时约束

图 3.74　时钟源延时约束后的报告

```
set_clock_latency 2.500 [get_clocks VIR_CLK]
```

　　如图 3.76 所示,在最终的时序报告中,2.5ns 的约束值即时钟 VIR_CLK 的 ideal clock network latency 值。

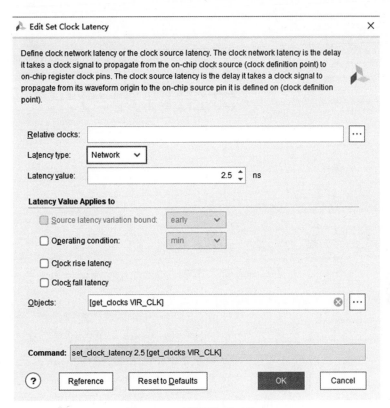

图 3.75 时钟网络延时约束

Data Path				
Delay Type	Incr (ns)	Path (ns)	Location	Netlist Resource(s)
(clock VIR_CLK rise edge)	(r) 0.000	0.000		
ideal clock network latency	2.500	2.500		
input delay	23.000	25.500		
	(f) 0.000	25.500	Site: T7	▷ i_image_sensor_href
net (fo=0)	0.000	25.500		↗ i_image_sensor_href
IBUF (Prop_ibuf_I_O)	(f) 0.419	25.919	Site: T7	◁ i_image_sensor_href_IBUF_inst/O
net (fo=2, routed)	0.394	26.312		↗ uut_m_image_capture/i_image_sensor_href_IBUF
LUT1 (Prop_lut1_I0_O)	(r) 0.056	26.368	Site: SLICE_X1Y8	◁ uut_m_image_capture/r_hcnt[9]_i_1/O
net (fo=10, routed)	0.152	26.521		↗ uut_m_image_capture/clear
FDRE			Site: SLICE_X1Y8	▷ uut_m_image_capture/r_hcnt_reg[0]/R
Arrival Time		26.521		

图 3.76 时钟网络延时约束后的报告

第 4 章

衍生时钟约束

4.1 衍生时钟定义

衍生时钟主要是指由已有的主时钟进行分频、倍频或相移而产生出来的时钟信号,如由时钟管理单元(MMCM 等)或一些设计逻辑所驱动产生的时钟信号。

衍生时钟的定义取决于主时钟的特性,衍生时钟约束必须指定时钟源,这个时钟源可以是一个已经约束好的主时钟或另一个衍生时钟。衍生时钟并不直接定义频率、占空比等参数,而是定义其与时钟源的相对关系,如分频系数、倍频系数、相移差值、占空比差值等。因此,在做衍生时钟约束前,要求先做好其时钟源的约束定义。

衍生时钟的约束定义能更好地帮助时序工具进行准确的时序分析。衍生时钟约束时必须指定某个源时钟或某个已知的时钟传输扇出节点,由此时序工具才能够准确地计算衍生时钟相对源时钟的插入延时。

如图 4.1 所示的实例中,gen_clk_reg/Q 作为时钟信号驱动下一级寄存器 reg1 和 reg2,这个时钟信号源就来自主时钟 clkin。gen_clk_reg/Q 就是主时钟 clkin 的传输扇出节点,此时应该使用 create_generated_clock 命令,以 gen_clk_reg/Q 作为主时钟的传输扇出节点定义一个衍生时钟,而不是使用 create_clock 对该节点定义一个主时钟。

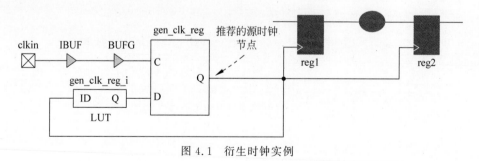

图 4.1　衍生时钟实例

4.1.1 自动衍生时钟约束

自动衍生时钟也称为自动生成时钟(Auto-Generated Clocks)。Xilinx 的 Vivado 时序工具能够识别设计中的时钟调整模块(Clock Modifying Blocks, CMB)及其基于输入主时钟的变更特性,自动为 CMB 输出的时钟信号创建约束,指定其相对源时钟的波形关系。

在 Xilinx 的 7 系列 FPGA 器件中,CMB 主要包括 MMCM/PLL、BUFR、PHASER 等。一般而言,若设计者所设定的与时钟相关的时序参数正确无误,那么时序工具也都能够自动产生正确的衍生时钟。若设计者认为自动产生的衍生时钟有误,也可以使用 create_generated_clock 命令重新约束衍生时钟。若 Vivado 时序工具检测到设计者手动添加的、与自动衍生时钟相同的网络或引脚的约束,则自动衍生时钟的约束将会被忽略,而以设计者添加的衍生时钟约束取而代之。

4.1.2 手动衍生时钟约束

如 3.1.2 节所介绍,通过 check_timing 命令可以查看设计中未约束的主时钟和衍生时钟。时序工具未能自动生成的衍生时钟,需要使用 create_generated_clock 命令对其进行手动约束。

4.2 衍生时钟约束语法

手动衍生时钟约束可以使用 create_generated_clock 命令,其基本语法格式如下。

```
create_generated_clock – name < generated_clock_name > \
                        – source < master_clock_source_pin_or_port > \
                        – multiply_by < mult_factor > \
                        – divide_by < div_factor > \
                        < pin_or_port >
```

- \是换行符号,无实际含义。
- -name 后的 generated_clock_name 用于指定衍生时钟名称。若不指定该名称,将自动以 pin_or_port 指定的物理节点作为该衍生时钟的名称。
- -source 后的 master_clock_source_pin_or_port 指定衍生时钟的源时钟引脚或端口,源时钟可以是一个已经定义过的主时钟、虚拟时钟或衍生时钟。
- -multiply_by 后的< mult_factor >用于指定衍生时钟相对于源时钟的倍频系数,取值必须大于或等于 1.0。
- -divide_by 后的< div_factor >用于指定衍生时钟相对于源时钟的分频系数,取值必须大于或等于 1.0。
- < pin_or_port >用于指定衍生时钟的物理节点、引脚或端口名称。

4.3 衍生时钟约束实例

实例 4.1：使用 GUI 约束衍生时钟

打开 Vivado 软件，进入 Timing Constraints 界面，如图 4.2 所示，约束分类区的 Create Generated Clock 就是用于添加衍生时钟约束的。

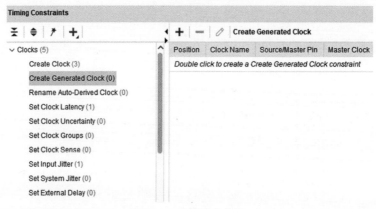

图 4.2   时钟约束分类

如图 4.3 所示，选中时钟约束分类中的 Create Generated Clock，单击右侧界面的"+"号就可以添加新的约束。

图 4.3   添加新的约束

Create Generated Clock 约束界面如图 4.4 所示。

- Clock name 后用于输入衍生时钟名称，这里定义了一个用于 VGA 接口的时钟，其名称为 VGA_CLK。
- Master pin(source)后可以指定衍生时钟的源时钟引脚或端口，源时钟可以是一个已经定义过的主时钟、虚拟时钟或衍生时钟。这里设置了来自 PLL 输出的由自动衍生时钟约束产生的输出时钟 clk_out4。
- Multiply source clock frequency by 和 Divide source clock frequency by 后分别用于指定衍生时钟相对于源时钟的倍频系数和分频系数。这里都设置为 1，表示衍生时钟和源时钟的时钟频率是相同的，没有做任何的分频和倍频。

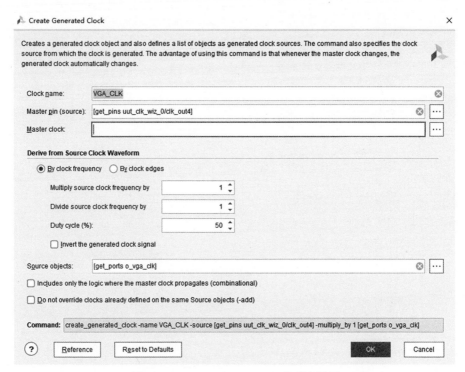

图 4.4 Create Generated Clock 约束界面

- Source objects 后用于指定衍生时钟的实际物理节点、引脚或端口,这里指定了 FPGA 器件的输出引脚 o_vga_clk。

在 GUI 中做好参数设置后,Command 一栏中自动产生的约束脚本如下。

```
create_generated_clock – name VGA_CLK – source [get_pins uut_clk_wiz_0/clk_out4] – multiply_
by 1 [get_ports o_vga_clk]
```

做过衍生时钟约束后,在其他约束中进行时钟信号查找时,如图 4.5 所示,Find names of type 后面选择 Clocks 进行查找,在 Results 中就可以看到约束的名为 VGA_CLK 的衍生时钟。

添加好衍生时钟重新进行设计编译后,再来查看时序报告的 Clock Summay 分类,如图 4.6 所示。图 4.6 中衍生时钟 VGA_CLK 及其源时钟 clk_out4_clk_wiz_0 在报告中具有层级关系,很好地表达了它们之间的"母子"关系。而由于 clk_out4_clk_wiz_0 时钟其实也是由 PLL 产生的一个衍生时钟,所以向上可以找到它的源时钟,即 i_clk。

如图 4.7 所示,这是一条引用衍生时钟 VGA_CLK 进行约束的时序路径。

由于衍生时钟 VGA_CLK 实际上是由源时钟 clk_out4_clk_wiz_0 连接到了 FPGA 器件的输出引脚 o_vga_clk,所以在时序报告中,也能够很清晰地看到这个路径上所有的延时信息(见图 4.8)。

图 4.5　衍生时钟查找

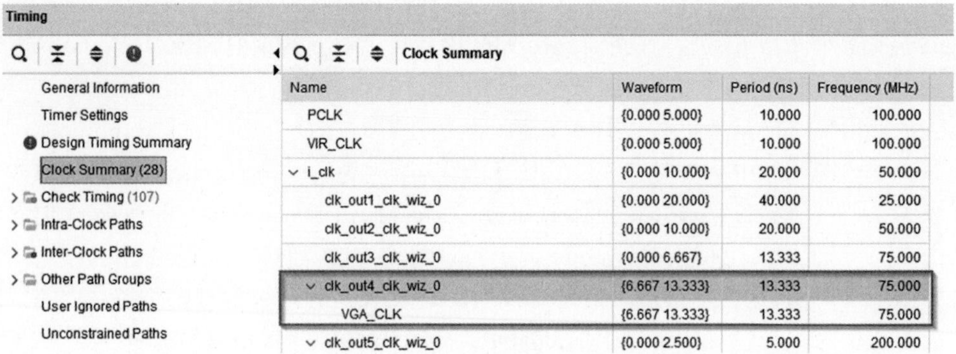

Name	Waveform	Period (ns)	Frequency (MHz)
PCLK	{0.000 5.000}	10.000	100.000
VIR_CLK	{0.000 5.000}	10.000	100.000
∨ i_clk	{0.000 10.000}	20.000	50.000
clk_out1_clk_wiz_0	{0.000 20.000}	40.000	25.000
clk_out2_clk_wiz_0	{0.000 10.000}	20.000	50.000
clk_out3_clk_wiz_0	{0.000 6.667}	13.333	75.000
∨ clk_out4_clk_wiz_0	{6.667 13.333}	13.333	75.000
VGA_CLK	{6.667 13.333}	13.333	75.000
∨ clk_out5_clk_wiz_0	{0.000 2.500}	5.000	200.000

图 4.6　衍生时钟与其源时钟报告

Summary	
Name	⅃ Path 283
Slack	3.519ns
Source	⬤ uut_m_vga_driver/r_dispaly_image_data_reg[2]_lopt_replica/C (rising edge-triggered cell FDRE clocked by clk_out3_clk_wiz_0 (rise@0.000ns fall@6.667ns period=13.333ns))
Destination	◀ o_vga_g[0] (output port clocked by VGA_CLK (rise@6.667ns fall@13.333ns period=13.333ns))
Path Group	VGA_CLK
Path Type	Max at Slow Process Corner
Requirement	6.667ns (VGA_CLK rise@6.667ns - clk_out3_clk_wiz_0 rise@0.000ns)
Data Path Delay	5.585ns (logic 3.278ns (58.685%) route 2.308ns (41.315%))
Logic Levels	1 (OBUF=1)
Output Delay	0.700ns
Clock Path Skew	3.378ns
Clock Uncertainty	0.240ns

图 4.7　时序报告中的衍生时钟

▽ Destination Clock Path

Delay Type	Incr (ns)	Path ...	Location	Netlist Resource(s)
(clock VGA_CLK rise edge)	(f) 6.667	6.667		
	(f) 0.000	6.667	Site: N13	▷ i_clk
net (fo=0)	0.000	6.667		↗ uut_clk_wiz_0/inst/clk_in1
IBUF (Prop_ibuf_I_O)	(f) 0.867	7.534	Site: N13	◀ uut_clk_wiz_0/inst/clkin1_ibufg/O
net (fo=1, routed)	1.162	8.696		↗ uut_clk_wiz_0/inst/clk_in1_clk_wiz_0
MMCME2_ADV (Prop_mmc...adv_CLKIN1_CLKOUT2B)	(r) -7.221	1.475	Site: MMCM..._ADV_X0Y0	◀ uut_clk_wiz_0/inst/mmcm_adv_inst/CLKOUT2B
net (fo=1, routed)	1.587	3.062		↗ uut_clk_wiz_0/inst/clk_out4_clk_wiz_0
BUFG (Prop_bufg_I_O)	(r) 0.091	3.153	Site: BUFGCTRL_X0Y6	◀ uut_clk_wiz_0/inst/clkout4_buf/O
net (fo=1, routed)	2.632	5.785		↗ o_vga_clk_OBUF
OBUF (Prop_obuf_I_O)	(r) 2.452	8.237	Site: L13	◀ o_vga_clk_OBUF_inst/O
net (fo=0)	0.000	8.237		↗ o_vga_clk
			Site: L13	◀ o_vga_clk
clock pessimism	0.462	8.699		
clock uncertainty	-0.240	8.459		
output delay	-0.700	7.759		
Required Time		7.759		

图 4.8　时序报告中衍生时钟的路径延时

实例 4.2：2 分频的衍生时钟

如图 4.9 所示,已经约束好的主时钟 clkin 的周期为 5ns,该时钟通过寄存器 regA 实现时钟的 2 分频,产生名为 clkdiv2 的衍生时钟。

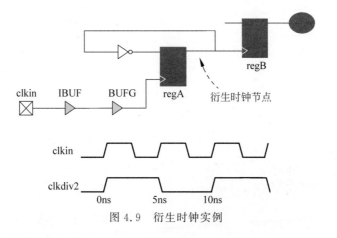

图 4.9　衍生时钟实例

对 clkin 的主时钟约束,以及对 clkdiv2 的衍生时钟约束脚本如下。

```
create_clock – name clkin – period 10 [get_ports clkin]
create_generated_clock – name clkdiv2 – source [get_ports clkin] – divide_by 2 [get_pins
REGA/Q]
```

也可以将 REGA 作为时钟源对 clkdiv2 做衍生时钟约束,约束脚本如下。

```
create_generated_clock – name clkdiv2 – source [get_pins REGA/C] – divide_by 2 [get_pins
REGA/Q]
```

实例 4.3:4/3 倍频的衍生时钟

-divide_by 和-multiply_by 语法分别用于指定衍生时钟相对于源时钟的分频系数和倍频系数,这两个语法可以同时使用。

假设通过 MMCM 产生了一个源时钟的 4/3 倍频的衍生时钟,则可以约束如下。

```
create_generated_clock – name clkdiv4_3 – source [get_pins mmcm0/CLKIN] – multiply_by 4 –
divide_by 3 [get_pins mmcm0/CLKOUT]
```

通常对于由 MMCM 或 PLL 产生的时钟,推荐使用 Vivado 工具的自动约束。若要手动约束,约束定义的衍生时钟与源时钟之间的波形关系一定要与 MMCM 或 PLL 的定义完全匹配。

第5章

I/O 接口约束

为了获得更精准的 FPGA 外部时序信息,设计者需要为 FPGA 的 I/O(输入或输出)接口指定时序信息。Xilinx Vivado 时序工具只能获取和分析 FPGA 器件内部的时序信息,而在 FPGA 器件引脚之外的时序信息,必须由设计者约束定义。set_input_delay 和 set_output_delay 命令就是用于约束定义 FPGA 引脚边界之外的时序延时。本章将具体介绍使用 set_input_delay 和 set_output_delay 约束命令进行 I/O 接口的约束,并通过几个实例进行深入的应用讲解。

5.1　输入接口约束语法

set_input_delay 命令用于指定输入数据引脚相对于其时钟沿的路径延时。通常输入延时值包括了数据信号从外部芯片到 FPGA 引脚的板级延时以及与其板级的参考时钟之间的相对延时值。因此,输入延时值可以是正值,也可以是负值,取决于时钟相对数据信号在 FPGA 引脚上的相位关系。

set_input_delay 命令可以应用于 FPGA 器件的输入数据引脚或双向数据引脚,但不适用于 FPGA 内部信号或时钟输入引脚。若使用 set_input_delay 约束时钟输入引脚,将会被时序工具忽略。set_input_delay 以-max 和-min 参数分别表示约束的最大值和最小值,最大值用于建立时间检查,最小值用于保持时间检查。

set_input_delay 约束命令的基本语法如下。

```
set_input_delay – clock < args > – reference_pin < args > – clock_fall – rise – max – add_delay
< delay > < objects >
```

- -clock 用于指定约束引脚的同步时钟(源时钟),其后的< args >即需要指定的同步时钟名称,这个时钟可以是设计中事先定义的主时钟或虚拟时钟。
- -reference_pin 用于指定延时值< delay >的参考时钟,其后的< args >即需要指定的参考时钟名称。-reference_pin < args >是可选项,不指定该选项,则指定延时值< delay >的参考时钟就是-clock 指定的同步时钟。

- -clock_fall 命令选项指定输入延时约束取值相对于同步时钟的下降沿。若不指定 -clock_fall 命令选项,Vivado 时序工具将默认为-clock_rise。
- -rise 指定约束信号相对时钟的边沿关系是上升沿,也可以用-fall 指定为下降沿。
- -max 表示设定最大延时值,也可以使用-min 设定最小延时值。若不指定-min 或 -max 命令选项,则输入延时值同时用于最大和最小延时值的时序路径分析。
- <delay>用于指定将应用到目标输入引脚的延时值。有效值为大于或等于 0 的浮点数,1.0 为默认值。
- <objects>用于指定约束的目标输入引脚名称。

5.2　输入接口约束实例

实例 5.1：以主时钟为同步时钟的输入引脚约束

该实例定义了输入引脚为 CLK0 的主时钟 sysClk,同时约束了-max 和-min 值同为 2ns 的输入延时约束。

```
create_clock - name sysClk - period 10 [get_ports CLK0]
set_input_delay - clock sysClk 2 [get_ports DIN]
```

实例 5.2：以虚拟时钟为同步时钟的输入引脚约束

该实例定义了一个虚拟时钟 clk_port_virt,同时约束了-max 和-min 值同为 2ns 的输入延时约束。

```
create_clock - name clk_port_virt - period 10
set_input_delay - clock clk_port_virt 2 [get_ports DIN]
```

实例 5.3：指定最大和最小延时值的输入引脚约束

该实例定义了输入引脚为 CLK0 的主时钟 sysClk,同时约束了-max 和-min 值分别为 4ns 和 1ns 的输入延时约束。

```
create_clock - name sysClk - period 10 [get_ports CLK0]
set_input_delay - clock sysClk - max 4 [get_ports DIN]
set_input_delay - clock sysClk - min 1 [get_ports DIN]
```

实例 5.4：参考时钟下降沿的输入引脚约束

该实例对输入引脚 DIN 做约束,指定其相对同步时钟 clk1 下降沿后 2ns 的输入延时值。约束脚本如下。

```
set_input_delay - clock_fall - clock clk1 2 [get_ports DIN]
```

实例5.5：同时指定同步时钟和参考时钟的输入引脚约束

该实例对输入引脚 reset 做约束，指定其同步时钟为 wbClk，相对参考时钟 wbClk_IBUF_BUFG_inst/O 上升沿后 2ns 的输入延时值。约束脚本如下。

```
set_input_delay - clock wbClk 2 - reference_pin [get_pin wbClk_IBUF_BUFG_inst/O] [get_ports reset]
```

实例5.6：多组参考组合的输入引脚约束

该实例对输入时钟引脚 DDR_CLK_IN 做主时钟约束，命名为 clk_ddr，指定时钟周期为 6ns。同时以 clk_ddr 作为同步时钟，对输入数据引脚 DDR_IN 分别做相对同步时钟上升沿和下降沿的输入延时约束，并分别指定其输入延时的最大值和最小值。约束脚本如下。

```
create_clock - name clk_ddr - period 6 [get_ports DDR_CLK_IN]
set_input_delay - clock clk_ddr - max 2.1 [get_ports DDR_IN]
set_input_delay - clock clk_ddr - max 1.9 [get_ports DDR_IN] - clock_fall - add_delay
set_input_delay - clock clk_ddr - min 0.9 [get_ports DDR_IN]
set_input_delay - clock clk_ddr - min 1.1 [get_ports DDR_IN] - clock_fall - add_delay
```

5.3 输入接口约束分析

实例5.7：图像传感器输入引脚约束

如图 5.1 所示，以图像传感器 MT9V034 和 FPGA 的接口为例。图像传感器的输出接口包括同步时钟 image_sensor_pclk、8 位图像数据总线 image_sensor_data[7:0]、帧同步信号 image_sensor_vsync 和行同步信号 image_sensor_href，这些信号作为输入连接到 FPGA 器件的引脚。在 FPGA 器件中，同步时钟 image_sensor_pclk 的上升沿采集数据信号 image_sensor_data[7:0] 和同步信号 image_sensor_href/image_sensor_vsync，可以对它们使用 set_input_delay 命令进行输入接口时序约束。

看到这个接口的时候，可以先回顾一下 2.4 节中提到的引脚到寄存器的时序路径模型。图 5.2 所示就是这样一个 FPGA 输入引

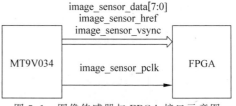

图 5.1 图像传感器与 FPGA 接口示意图

脚的源同步接口。

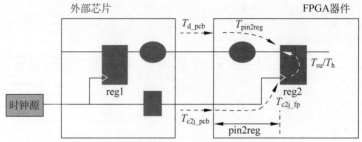

图 5.2　FPGA 输入引脚的源同步接口

按照 2.4.3 节的分析,可以使用如下的公式计算输入引脚进行 set_input_delay 约束的最大值和最小值。

(1) 用于建立时间分析的 set_input_delay-max 时间计算:

$$\text{set\_input\_delay}(\max) = -T_{c2j\_pcb}(\min) + T_{co}(\max) + T_{d\_pcb}(\max)$$

(2) 用于保持时间分析的 set_input_delay-min 时间计算:

$$\text{set\_input\_delay}(\min) = -T_{c2j\_pcb}(\min) + T_{co}(\max) + T_{d\_pcb}(\min)$$

数据和时钟在 PCB 板上的延时值 T_{d_pcb} 和 T_{c2j_pcb},通过 PCB 的走线测量即可算出。PCB 板级走线延时可以按照 0.17ns/in 进行换算。该实例中,假设 $T_{d\_pcb}(\max) = 0.5\text{ns}$,$T_{d\_pcb}(\min) = 0\text{ns}$,$T_{c2j\_pcb}(\max) = 0.5\text{ns}$,$T_{c2j\_pcb}(\min) = 0\text{ns}$。

MT9V034 芯片内部的时序信息,则需要查看 MT9V034 的芯片手册获取。如图 5.3 和图 5.4 所示,在 MT9V034 的芯片手册中,找到了一个最有用的时序参数 t_{PD},它表示数据变化相对于其同步时钟 PIXCLK 下降沿的延时,最大值为 3ns,最小值为 −3ns。

Symbol	Definition	Condition	Min.	Typ.	Max.	Unit
SYSCLK	Input clock frequency	Note 1	13.0	26.6	27.0	MHz
	Clock duty cycle		45.0	50.0	55.0	%
t_R	Input clock rise time		–	3	5	ns
t_F	Input clock fall time		–	3	5	ns
t_{PLHp}	SYSCLK to PIXCLK propagation delay	CLOAD = 10pF	4	6	8	ns
t_{PD}	PIXCLK to valid DOUT(9:0) propagation delay	CLOAD = 10pF	−3	0.6	3	ns
t_{SD}	Data setup time		14	16	–	ns
t_{HD}	Data hold time		14	16	–	ns
t_{PFLR}	PIXCLK to LV propagation delay	CLOAD = 10pF	5	7	9	ns
t_{PFLF}	PIXCLK to FV propagation delay	CLOAD = 10pF	5	7	9	ns

图 5.3　MT9V034 的时序参数列表截图

根据芯片手册给出的参数,可以将 t_{PD}(数据输出相对于时钟下降沿的延时)映射到数据输出相对于时钟上升沿的延时 T_{co}(已知同步时钟 PIXCLK 的时钟周期为 40ns,相当于时钟沿左移 20ns),那么可以得到 $T_{co}(\max) = 23\text{ns}$,$T_{co}(\min) = 17\text{ns}$,示意如图 5.5 所示。

将以上获取的参数代入 set_input_delay 的计算公式,可以获得最大值和最小值如下。

$$\text{set\_input\_delay}(\max) = -0\text{ns} + 23\text{ns} + 0.5\text{ns} = 23.5\text{ns}$$
$$\text{set\_input\_delay}(\min) = -0.5\text{ns} + 17\text{ns} + 0\text{ns} = 16.5\text{ns}$$

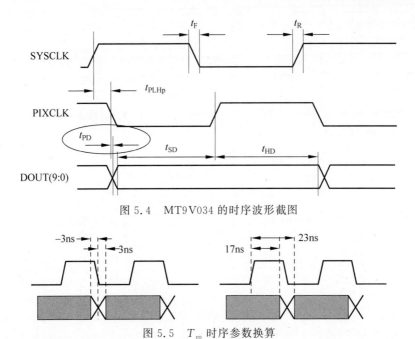

图 5.4 MT9V034 的时序波形截图

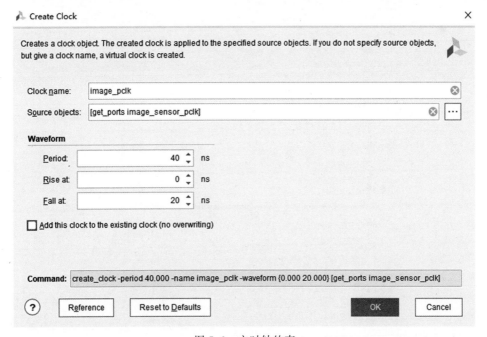

图 5.5 T_{co} 时序参数换算

接下来在 Vivado 中进行时序约束,打开 Vivado 软件,进入 Timing Constraints 界面。

选中时钟约束分类中的 Create Generated Clock,单击右侧界面的"+"号添加新的约束。如图 5.6 所示,对输入时钟引脚 image_sensor_pclk 做约束,时钟周期为 40ns,命名为 image_pclk。

图 5.6 主时钟约束

产生的约束脚本如下。

```
create_clock – period 40.000 – name image_pclk – waveform {0.000 20.000} [get_ports image_
sensor_pclk]
```

如图5.7所示,找到并选择 Inputs→Set Input Delay 分类,单击其主页面中左上角的"+"号添加一个新的约束。

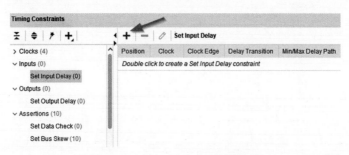

图5.7　Set Input Delay 约束界面

Set Input Delay 最大值约束如图5.8所示,选择同步时钟 Clock 为新约束的 image_pclk,约束引脚 Objects(ports)为 image_sensor_data[7:0]/image_sensor_href/image_sensor_vsync,延时值 Delay value 为 23.5ns,勾选 Delay value specifies 为 max。

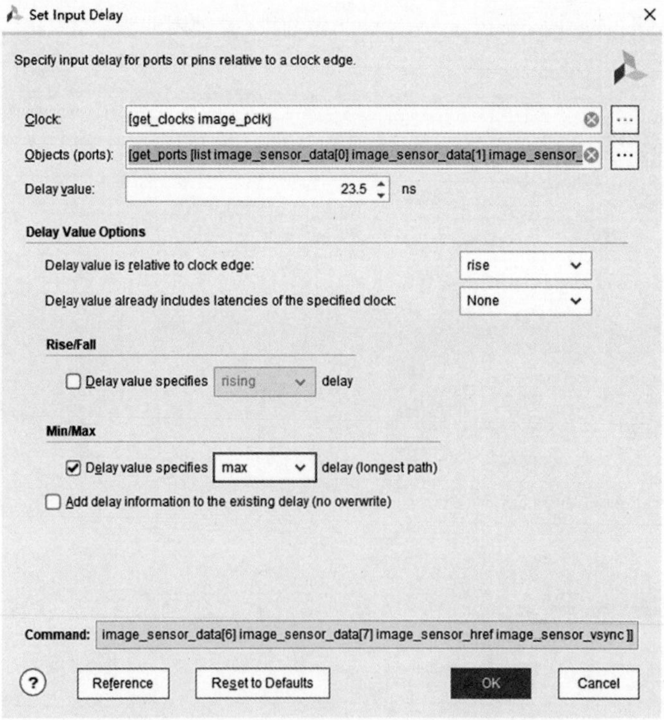

图5.8　Set Input Delay 最大值约束

Set Input Delay 最小值约束如图 5.9 所示,选择同步时钟 Clock 为新约束的 image_pclk,约束引脚 Objects(ports) 为 image_sensor_data[7:0]/image_sensor_href/image_sensor_vsync,延时值 Delay value 为 16.5ns,勾选 Delay value specifies 为 min。

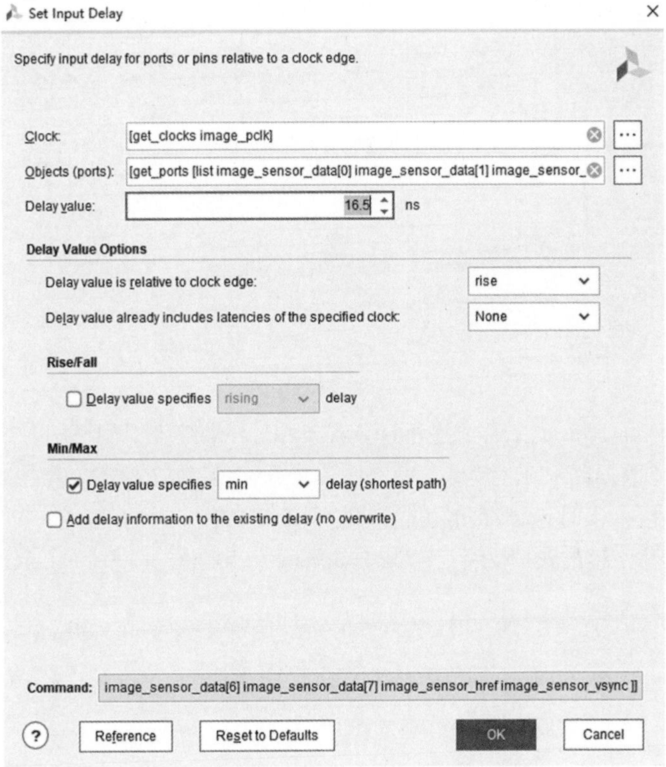

图 5.9 Set Input Delay 最小值约束

生成约束脚本如下。

```
set_input_delay - clock [get_clocks image_pclk] - max 23.500 [get_ports {{image_sensor_data
[0]} {image_sensor_data[1]} {image_sensor_data[2]} {image_sensor_data[3]} {image_sensor_
data[4]} {image_sensor_data[5]} {image_sensor_data[6]} {image_sensor_data[7]} image_sensor_
href image_sensor_vsync}]

set_input_delay - clock [get_clocks image_pclk] - min 16.500 [get_ports {{image_sensor_data
[0]} {image_sensor_data[1]} {image_sensor_data[2]} {image_sensor_data[3]} {image_sensor_
data[4]} {image_sensor_data[5]} {image_sensor_data[6]} {image_sensor_data[7]} image_sensor_
href image_sensor_vsync}]
```

重新对工程进行编译,随后单击 Open Implemented Design,查看 Timing 中 Intra-Clock Paths→image_pclk 的时序,如图 5.10 所示。

如图 5.11 和图 5.12 所示,这是一条建立时间路径的详细时序报告。Set_input_delay 的最

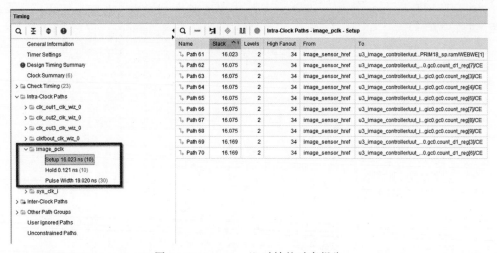

图 5.10　image_pclk 时钟的时序报告

大值 23.5ns 作为 Data Path 的一部分进行计算,Data Path 最终算得的 Arrival Time 为 24.727ns,在 FPGA 内部的纯数据路径延时为 24.727ns－23.5ns＝1.227ns。Destination Clock Path 延时为 41.802ns,其中包括了时钟锁存沿 40ns、时钟不确定时间－0.035ns、建立时间－0.043ns,扣除这些时间,纯时钟路径的延时为 41.802ns－40ns－(－0.035ns)－(－0.043ns)＝1.88ns。

Summary	
Name	Path 81
Slack	17.075ns
Source	image_sensor_data[0] (input port clocked by image_pclk {rise@0.000ns fall@20.000ns period=40.000ns})
Destination	u3_image_controller/r_image_data_reg[0]/D (rising edge-triggered cell FDRE clocked by image_pclk {rise@0.000ns fall@20.000ns period=40.000ns})
Path Group	image_pclk
Path Type	Setup (Max at Fast Process Corner)
Requirement	40.000ns (image_pclk rise@40.000ns - image_pclk rise@0.000ns)
Data Path Delay	1.227ns (logic 0.445ns (36.243%) route 0.782ns (63.757%))
Logic Levels	1 (IBUF=1)
Input Delay	23.500ns
Clock Path Skew	1.880ns
Clock Uncertainty	0.035ns

图 5.11　建立时间时序报告 1

以寄存器模型来标示这些延时时间参数,如图 5.13 所示。由于 T_{c2j_pcb} 时间已经计算到 set_input_delay 约束中了,所以图中标示为 0。

如图 5.14 和图 5.15 所示,这是一条保持时间路径的时序报告,Set_input_delay 的最小值 16.5ns 同样也是作为 Data Path 的一部分进行计算的。Data Path 最终算得的 Arrival Time 为 19.076ns,在 FPGA 内部的纯路径延时为 19.076ns－16.5ns＝2.576ns。Destination Clock Path 延时为 5.632ns,其中包括了时钟锁存沿 0ns、时钟不确定(clock uncertainty)时间 0.035ns、保持(Hold)时间 0.243ns,扣除这些时间,纯时钟路径的延时为 5.632ns－0ns－0.035ns－0.243ns＝5.354ns。

以寄存器模型标示这些延时时间参数,如图 5.16 所示。由于 T_{c2j_pcb} 时间已经计算到

Data Path

Delay Type	Incr (ns)	Path (ns)	Location	Netlist Resource(s)
(clock image_pclk rise edge)	(r) 0.000	0.000		
input delay	23.500	23.500		
	(r) 0.000	23.500	Site: H3	▷ image_sensor_data[0]
net (fo=0)	0.000	23.500		↗ image_sensor_data[0]
IBUF (Prop_ibuf_I_O)	(r) 0.445	23.945	Site: H3	◁ image_sensor_data_IBUF[0]_inst/O
net (fo=1, routed)	0.782	24.727		↗ u3_image_controller/image_sensor_data[0]
FDRE			Site: SLICE_X54Y45	▷ u3_image_controller/r_image_data_reg[0]/D
Arrival Time		24.727		

Destination Clock Path

Delay Type	Incr (ns)	Path (ns)	Location	Netlist Resource(s)
(clock image_pclk rise edge)	(r) 40.000	40.000		
	(r) 0.000	40.000	Site: F2	▷ image_sensor_pclk
net (fo=0)	0.000	40.000		↗ image_sensor_pclk
IBUF (Prop_ibuf_I_O)	(r) 0.410	40.410	Site: F2	◁ image_sensor_pclk_IBUF_inst/O
net (fo=1, routed)	0.878	41.289		↗ image_sensor_pclk_IBUF
BUFG (Prop_bufg_I_O)	(r) 0.026	41.315	Site: BUF...TRL_X0Y3	◁ image_sensor_pclk_IBUF_BUFG_inst/O
net (fo=123, routed)	0.566	41.880		↗ u3_image_controller/image_sensor_pclk
FDRE			Site: SLICE_X54Y45	▷ u3_image_controller/r_image_data_reg[0]/C
clock pessimism	0.000	41.880		
clock uncertainty	-0.035	41.845		
FDRE (Setup_fdre_C_D)	-0.043	41.802	Site: SLICE_X54Y45	▪ u3_image_controller/r_image_data_reg[0]
Required Time		41.802		

图 5.12 建立时间时序报告 2

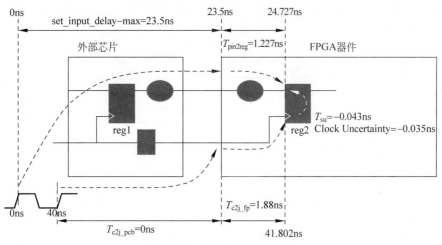

图 5.13 建立时间延时标示

set_input_delay 约束中了,所以图中标示为 0。

对于这个实例,只是按照第 2 章给出的一些基本路径分析方法,套用基本公式计算出 set_input_delay 命令的最大值和最小值进行时序约束和分析。下面可以变通一下,直接使用芯片手册给出的参数值,对 set_input_delay 命令进行一些设置改动,再看看是否能够达到一样的时序约束和分析结果。

Summary	
Name	⟋ Path 3643
Slack (Hold)	13.443ns
Source	▷ image_sensor_data[2] (input port clocked by image_pclk {rise@0.000ns fall@20.000ns period=40.000ns})
Destination	▷ u3_image_controller/r_image_data_reg[2]/D (rising edge-triggered cell FDRE clocked by image_pclk {rise@0.000ns fall@20.000ns period=40.000ns})
Path Group	image_pclk
Path Type	Hold (Min at Slow Process Corner)
Requirement	0.000ns (image_pclk rise@0.000ns - image_pclk rise@0.000ns)
Data Path Delay	2.576ns (logic 1.406ns (54.574%) route 1.170ns (45.426%))
Logic Levels	1 (IBUF=1)
Input Delay	16.500ns
Clock Path Skew	5.354ns
Clock Uncertainty	0.035ns

图 5.14 保持时间时序报告 1

Data Path				
Delay Type	Incr (ns)	Path (ns)	Location	Netlist Resource(s)
(clock image...k rise edge)	(r) 0.000	0.000		
input delay	16.500	16.500		
	(r) 0.000	16.500	Site: H4	▷ image_sensor_data[2]
net (fo=0)	0.000	16.500		↗ image_sensor_data[2]
			Site: H4	▷ image_sensor_data_IBUF[2]_inst/I
IBUF (Prop_ibuf_I_O)	(r) 1.406	17.906	Site: H4	◁ image_sensor_data_IBUF[2]_inst/O
net (fo=1, routed)	1.170	19.076		↗ u3_image_controller/image_sensor_data[2]
FDRE			Site: SLICE_X56Y57	▷ u3_image_controller/r_image_data_reg[2]/D
Arrival Time		19.076		
Destination Clock Path				
Delay Type	Incr (ns)	Path (ns)	Location	Netlist Resource(s)
(clock image...k rise edge)	(r) 0.000	0.000		
	(r) 0.000	0.000	Site: F2	▷ image_sensor_pclk
net (fo=0)	0.000	0.000		↗ image_sensor_pclk
			Site: F2	▷ image_sensor_pclk_IBUF_inst/I
IBUF (Prop_ibuf_I_O)	(r) 1.493	1.493	Site: F2	◁ image_sensor_pclk_IBUF_inst/O
net (fo=1, routed)	2.207	3.700		↗ image_sensor_pclk_IBUF
			Site: BUF...TRL_X0Y3	▷ image_sensor_pclk_IBUF_BUFG_inst/I
BUFG (Prop_bufg_I_O)	(r) 0.096	3.796	Site: BUF...TRL_X0Y3	◁ image_sensor_pclk_IBUF_BUFG_inst/O
net (fo=123, routed)	1.558	5.354		↗ u3_image_controller/image_sensor_pclk
FDRE			Site: SLICE_X56Y57	▷ u3_image_controller/r_image_data_reg[2]/C
clock pessimism	0.000	5.354		
clock uncertainty	0.035	5.389		
FDRE (Hold_fdre_C_D)	0.243	5.632	Site: SLICE_X56Y57	◼ u3_image_controller/r_image_data_reg[2]
Required Time		5.632		

图 5.15 保持时间时序报告 2

图 5.3 和图 5.4 给出的 MT9V034 芯片手册截图中,时序参数 t_{PD} 表示数据变化相对于其同步时钟 PIXCLK 下降沿的延时,最大值为 3ns,最小值为 −3ns。我们不做变换,就以 PIXCLK 的下降沿作为源时钟的参考时钟沿,可以计算得到 set_input_delay 的最大值和最小值如下。

set_input_delay(max) = −0ns+3ns+0.5ns = 3.5ns
set_input_delay(min) = −0.5ns−3ns+0ns = −3.5ns

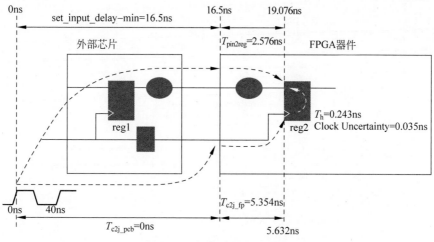

图 5.16 保持时间延时标示

如图 5.17 和图 5.18 所示,分别修改最大值和最小值约束的 Delay Value 为 3.5ns 和 −3.5ns,设置 Dealy value is relative to clock edge 为 fall,即延时值是相对于参考时钟的下降沿。

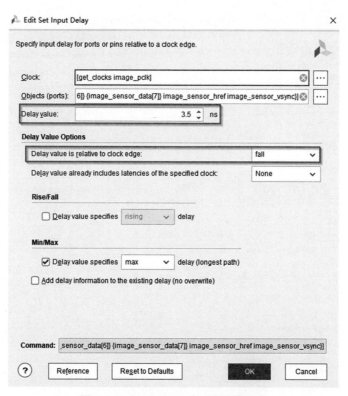

图 5.17 Set Input Delay 最大值约束

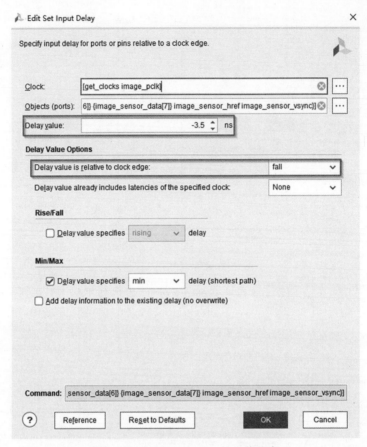

图 5.18　Set Input Delay 最小值约束

新的约束脚本如下,除了-max 和-min 后面的时间值改变了外,最重要的是还增加了-clock_fall 这个可选命令项。

```
set_input_delay － clock [get_clocks image_pclk] － clock_fall － max 3.5 [get_ports {{image_
sensor_data[0]} {image_sensor_data[1]} {image_sensor_data[2]} {image_sensor_data[3]} {image
_sensor_data[4]} {image_sensor_data[5]} {image_sensor_data[6]} {image_sensor_data[7]} image
_sensor_href image_sensor_vsync}]

set_input_delay － clock [get_clocks image_pclk] － clock_fall － min － 3.5 [get_ports {{image_
sensor_data[0]} {image_sensor_data[1]} {image_sensor_data[2]} {image_sensor_data[3]} {image
_sensor_data[4]} {image_sensor_data[5]} {image_sensor_data[6]} {image_sensor_data[7]} image
_sensor_href image_sensor_vsync}]
```

最后来看产生的时序报告,图 5.19 和图 5.20 是建立时间时序报告,图 5.21 和图 5.22 是保持时间时序报告。从报告中可以看到,Requirement 时间都发生了变化,这主要是由于修改了源时钟的参考时钟沿,但是由于相应地修改了 Dealy value,所以最终的 Slack 时间是一致的。

Summary	
Name	Ⅰ⬝ Path 81
Slack	17.075ns
Source	▷ image_sensor_data[0] (input port clocked by image_pclk {rise@0.000ns fall@20.000ns period=40.000ns})
Destination	▷ u3_image_controller/r_image_data_reg[0]/D (rising edge-triggered cell FDRE clocked by image_pclk {rise@0.000ns fall@20.000ns period=40.000ns})
Path Group	image_pclk
Path Type	Setup (Max at Fast Process Corner)
Requirement	20.000ns (image_pclk rise@40.000ns - image_pclk fall@20.000ns)
Data Path Delay	1.227ns (logic 0.445ns (36.243%) route 0.782ns (63.757%))
Logic Levels	1 (IBUF=1)
Input Delay	3.500ns
Clock Path Skew	1.880ns
Clock Uncertainty	0.035ns

图 5.19　建立时间时序报告 1

Data Path				
Delay Type	Incr (ns)	Path (ns)	Location	Netlist Resource(s)
(clock image_pclk fall edge)	(f) 20.000	20.000		
input delay	3.500	23.500		
	(r) 0.000	23.500	Site: H3	▷ image_sensor_data[0]
net (fo=0)	0.000	23.500		↗ image_sensor_data[0]
IBUF (Prop_ibuf_I_O)	(r) 0.445	23.945	Site: H3	◁ image_sensor_data_IBUF[0]_inst/O
net (fo=1, routed)	0.782	24.727		↗ u3_image_controller/image_sensor_data[0]
FDRE			Site: SLICE_X54Y45	▷ u3_image_controller/r_image_data_reg[0]/D
Arrival Time		24.727		

Destination Clock Path				
Delay Type	Incr (ns)	Path (ns)	Location	Netlist Resource(s)
(clock image...k rise edge)	(r) 40.000	40.000		
	(r) 0.000	40.000	Site: F2	▷ image_sensor_pclk
net (fo=0)	0.000	40.000		↗ image_sensor_pclk
IBUF (Prop_ibuf_I_O)	(r) 0.410	40.410	Site: F2	◁ image_sensor_pclk_IBUF_inst/O
net (fo=1, routed)	0.878	41.289		↗ image_sensor_pclk_IBUF
BUFG (Prop_bufg_I_O)	(r) 0.026	41.315	Site: BUF...TRL_X0Y3	◁ image_sensor_pclk_IBUF_BUFG_inst/O
net (fo=123, routed)	0.566	41.880		↗ u3_image_controller/image_sensor_pclk
FDRE			Site: SLICE_X54Y45	▷ u3_image_controller/r_image_data_reg[0]/C
clock pessimism	0.000	41.880		
clock uncertainty	-0.035	41.845		
FDRE (Setup_fdre_C_D)	-0.043	41.802	Site: SLICE_X54Y45	▮ u3_image_controller/r_image_data_reg[0]
Required Time		41.802		

图 5.20　建立时间时序报告 2

Summary	
Name	Ⅰ⬝ Path 1
Slack (Hold)	13.627ns
Source	▷ image_sensor_data[0] (input port clocked by image_pclk {rise@0.000ns fall@20.000ns period=40.000ns})
Destination	▷ u3_image_controller/r_image_data_reg[0]/D (rising edge-triggered cell FDRE clocked by image_pclk {rise@0.000ns fall@20.000ns period=40.000ns})
Path Group	image_pclk
Path Type	Hold (Min at Slow Process Corner)
Requirement	-20.000ns (image_pclk rise@0.000ns - image_pclk fall@20.000ns)
Data Path Delay	2.773ns (logic 1.418ns (51.155%) route 1.354ns (48.845%))
Logic Levels	1 (IBUF=1)
Input Delay	-3.500ns
Clock Path Skew	5.367ns
Clock Uncertainty	0.035ns

图 5.21　保持时间时序报告 1

Data Path				
Delay Type	Incr (ns)	Path (ns)	Location	Netlist Resource(s)
(clock image_pclk fall edge)	(f) 20.000	20.000		
input delay	-3.500	16.500		
	(r) 0.000	16.500	Site: H3	image_sensor_data[0]
net (fo=0)	0.000	16.500		image_sensor_data[0]
			Site: H3	image_sensor_data_IBUF[0]_inst/I
IBUF (Prop_ibuf_I_O)	(r) 1.418	17.918	Site: H3	image_sensor_data_IBUF[0]_inst/O
net (fo=1, routed)	1.354	19.273		u3_image_controller/image_sensor_data[0]
FDRE			Site: SLICE_X54Y45	u3_image_controller/r_image_data_reg[0]/D
Arrival Time		19.273		

Destination Clock Path				
Delay Type	Incr (ns)	Path ...	Location	Netlist Resource(s)
(clock image_pclk rise edge)	(r) 0.000	0.000		
	(r) 0.000	0.000	Site: F2	image_sensor_pclk
net (fo=0)	0.000	0.000		image_sensor_pclk
			Site: F2	image_sensor_pclk_IBUF_inst/I
IBUF (Prop_ibuf_I_O)	(r) 1.493	1.493	Site: F2	image_sensor_pclk_IBUF_inst/O
net (fo=1, routed)	2.207	3.700		image_sensor_pclk_IBUF
			Site: BUF...TRL_X0Y3	image_sensor_pclk_IBUF_BUFG_inst/I
BUFG (Prop_bufg_I_O)	(r) 0.096	3.796	Site: BUF...TRL_X0Y3	image_sensor_pclk_IBUF_BUFG_inst/O
net (fo=123, routed)	1.571	5.367		u3_image_controller/image_sensor_pclk
FDRE			Site: SLICE_X54Y45	u3_image_controller/r_image_data_reg[0]/C
clock pessimism	0.000	5.367		
clock uncertainty	0.035	5.403		
FDRE (Hold_fdre_C_D)	0.243	5.646	Site: SLICE_X54Y45	u3_image_controller/r_image_data_reg[0]
Required Time		5.646		

图 5.22 保持时间时序报告 2

实例 5.8：SPI 接口的输入引脚约束

如图 5.23 所示，下面这个例子以 FPGA 和外设之间的 SPI 接口为例。FPGA 器件作为 SPI 接口主机，与外设芯片进行 SPI 总线通信，对于 FPGA 器件的 spi_miso 输入数据信号，也可以使用 set_input_delay 命令进行时序约束。

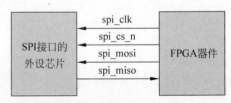

图 5.23 SPI 接口示意图

这个例子中，外设芯片的时钟 spi_clk 来自 FPGA 器件。在 FPGA 器件中，使用 PLL 产生了一个 25MHz 的时钟，作为 SPI 接口时钟，用于驱动输出信号 spi_clk。因此，首先需要约束 spi_clk 接口作为衍生时钟。如图 5.24 所示，约束定义了 SPI_CLK 这个衍生时钟，它的源时钟是 PLL 输出时钟（uut_clk_wiz_0/clk_out1），信号接口是 spi_clk，与源时钟同频同相。

衍生时钟的约束脚本如下。

```
create_generated_clock – name SPI_CLK – source [get_pins uut_clk_wiz_0/clk_out1] – multiply_
by 1 [get_ports spi_clk]
```

按照 2.4.3 节的分析，可以使用如下的公式计算输入引脚进行 set_input_delay 约束的

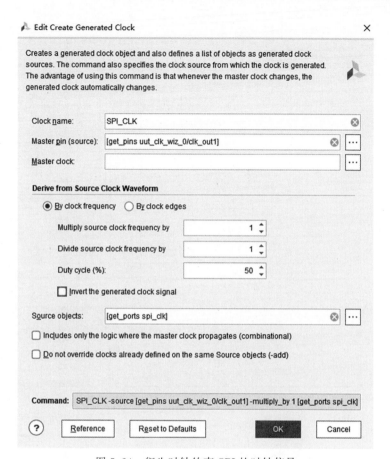

图 5.24　衍生时钟约束 SPI 的时钟信号

最大值和最小值。

（1）用于建立时间分析的 set_input_delay-max 时间计算：

set_input_delay(max)$=-T_{\text{c2j\_pcb}}(\min)+T_{\text{co}}(\max)+T_{\text{d\_pcb}}(\max)$

（2）用于保持时间分析的 set_input_delay-min 时间计算：

set_input_delay(min)$=-T_{\text{c2j\_pcb}}(\max)+T_{\text{co}}(\min)+T_{\text{d\_pcb}}(\min)$

对于数据和时钟在 PCB 板上的延时值 $T_{\text{d\_pcb}}$ 和 $T_{\text{c2j\_pcb}}$，仍然假设 $T_{\text{d\_pcb}}(\max)=0.5\text{ns}$，$T_{\text{d\_pcb}}(\min)=0\text{ns}$，$T_{\text{c2j\_pcb}}(\max)=0.5\text{ns}$，$T_{\text{c2j\_pcb}}(\min)=0\text{ns}$。

本实例中，假设与 FPGA 器件连接的外设芯片是一颗 SPI Flash，型号为 M25P40。如图 5.25 和图 5.26 所示，在 M25P40 的芯片手册中，时序参数 t_{CLQV} 和 t_{CLQX} 分别表示 spi_miso(Q)数据变化相对于其同步时钟 spi_clk(C)下降沿的延时，最大值为 15ns，最小值为 0ns。

将以上获取的参数代入 set_input_delay 的计算公式，可以获得最大值和最小值如下。

set_input_delay(max)$=-0\text{ns}+15\text{ns}+0.5\text{ns}=15.5\text{ns}$

set_input_delay(min)$=-0.5\text{ns}+0\text{ns}+0\text{ns}=-0.5\text{ns}$

Table 13. AC Characteristics

Symbol	Alt.	Parameter	Min.	Typ.	Max.	Unit
		Test conditions specified in Table 9 and Table 10				
f_C	f_C	Clock Frequency for the following instructions: FAST_READ, PP, SE, BE, DP, RES, WREN, WRDI, RDSR, WRSR	D.C.		25	MHz
f_R		Clock Frequency for READ instructions	D.C.		20	MHz
t_{CH} [1]	t_{CLH}	Clock High Time	18			ns
t_{CL} [1]	t_{CLL}	Clock Low Time	18			ns
t_{CLCH} [2]		Clock Rise Time[3] (peak to peak)	0.1			V/ns
t_{CHCL} [2]		Clock Fall Time[3] (peak to peak)	0.1			V/ns
t_{SLCH}	t_{CSS}	$\overline{S}$ Active Setup Time (relative to C)	10			ns
t_{CHSL}		$\overline{S}$ Not Active Hold Time (relative to C)	10			ns
t_{DVCH}	t_{DSU}	Data In Setup Time	5			ns
t_{CHDX}	t_{DH}	Data In Hold Time	5			ns
t_{CHSH}		$\overline{S}$ Active Hold Time (relative to C)	10			ns
t_{SHCH}		$\overline{S}$ Not Active Setup Time (relative to C)	10			ns
t_{SHSL}	t_{CSH}	$\overline{S}$ Deselect Time	100			ns
t_{SHQZ} [2]	t_{DIS}	Output Disable Time			15	ns
t_{CLQV}	t_V	Clock Low to Output Valid			15	ns
t_{CLQX}	t_{HO}	Output Hold Time	0			ns
t_{HLCH}		HOLD Setup Time (relative to C)	10			ns

图 5.25　M25P40 的时序参数列表截图

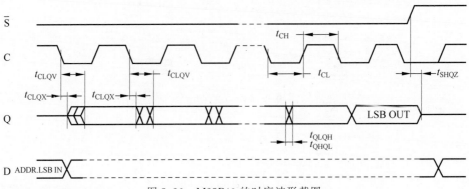

图 5.26　M25P40 的时序波形截图

如图 5.27 和图 5.28 所示,使用 GUI 约束设置 spi_miso 信号的 set_input_delay 的最大值和最小值约束,注意 Dealy value is relative to clock edge 需要设置为 fall,表示约束值是相对于时钟的下降沿的。

约束脚本如下。

```
set_input_delay - clock [get_clocks SPI_CLK] - clock_fall - max 15.5 [get_ports spi_miso]
set_input_delay - clock [get_clocks SPI_CLK] - clock_fall - min - 0.5 [get_ports spi_miso]
```

其中一条 spi_miso 路径的建立时间时序报告如图 5.29 和图 5.30 所示,对应路径的保持时间时序报告如图 5.31 和图 5.32 所示。

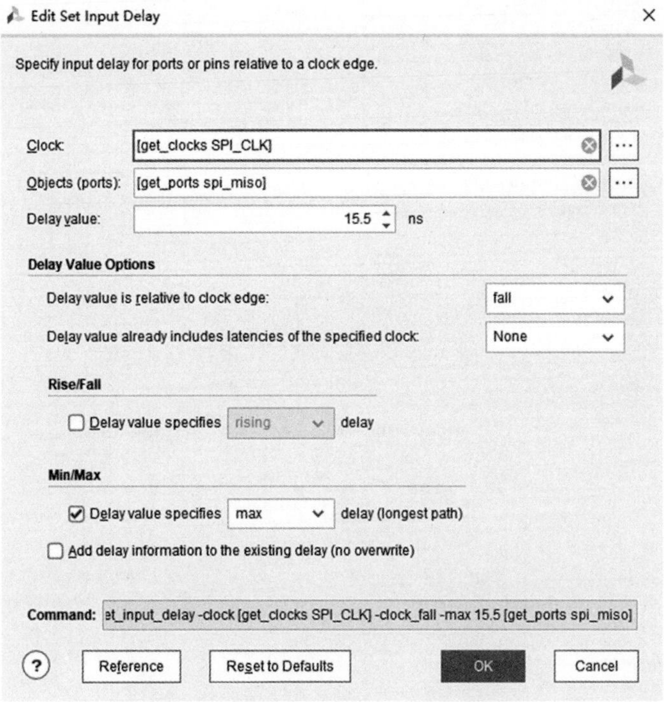

图 5.27 Set Input Delay 最大值约束

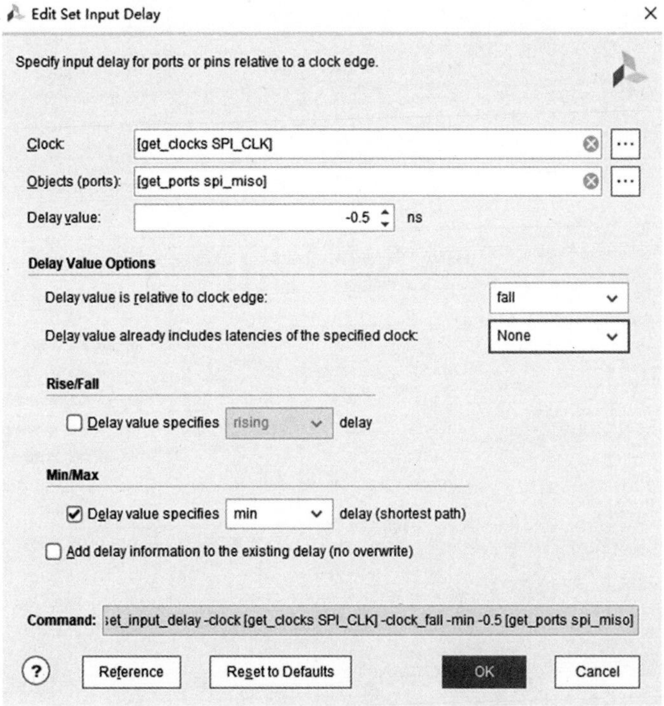

图 5.28 Set Input Delay 最小值约束

Summary	
Name	↳ Path 21
Slack	-1.818ns
Source	▷ spi_miso (input port clocked by SPI_CLK {rise@0.000ns fall@20.000ns period=40.000ns})
Destination	▷ adc_dinlock_reg[1]/D (rising edge-triggered cell FDRE clocked by clk_out1_clk_wiz_0 {rise@0.000ns fall@20.000ns period=40.000ns})
Path Group	clk_out1_clk_wiz_0
Path Type	Setup (Max at Slow Process Corner)
Requirement	20.000ns (clk_out1_clk_wiz_0 rise@40.000ns - SPI_CLK fall@20.000ns)
Data Path Delay	2.060ns (logic 0.996ns (48.347%) route 1.064ns (51.653%))
Logic Levels	1 (IBUF=1)
Input Delay	15.500ns
Clock Path Skew	-4.090ns
Clock Uncertainty	0.129ns

图 5.29　建立时间时序报告 1

Source Clock Path

Delay Type	Incr (ns)	Path (ns)	Location	Netlist Resource(s)
(clock SPI_CLK fall edge)	(f) 20.000	20.000		
	(f) 0.000	20.000	Site: N13	▷ clk
net (fo=0)	0.000	20.000		↗ uut_clk_wiz_0/inst/clk_in1
IBUF (Prop ibuf I O)	(f) 1.001	21.001	Site: N13	◁ uut_clk_wiz_0/inst/clkin1_ibufg/O
net (fo=1, routed)	1.253	22.254		↗ uut_clk_wiz_0/inst/clk_in1_clk_wiz_0
PLLE2_ADV (Prop pll...dv CLKIN1 CLKOUT0)	(f) -8.486	13.769	Site: PLL..._ADV_X0Y0	◁ uut_clk_wiz_0/inst/plle2_adv_inst/CLKOUT0
net (fo=1, routed)	1.660	15.429		↗ uut_clk_wiz_0/inst/clk_out1_clk_wiz_0
BUFG (Prop bufg I O)	(f) 0.096	15.525	Site: BUFGCTRL_X0Y0	◁ uut_clk_wiz_0/inst/clkout1_buf/O
net (fo=45, routed)	2.940	18.465		↗ spi_clk_OBUF
OBUF (Prop obuf I O)	(f) 2.664	21.129	Site: T7	◁ spi_clk_OBUF_inst/O
net (fo=0)	0.000	21.129		↗ spi_clk

Data Path

Delay Type	Incr (ns)	Path (ns)	Location	Netlist Resource(s)
input delay	15.500	36.629		
	(r) 0.000	36.629	Site: P9	▷ spi_miso
net (fo=0)	0.000	36.629		↗ spi_miso
IBUF (Prop ibuf I O)	(r) 0.996	37.625	Site: P9	◁ spi_miso_IBUF_inst/O
net (fo=8, routed)	1.064	38.689		↗ spi_miso_IBUF
FDRE			Site: SLICE_X3Y13	▷ adc_dinlock_reg[1]/D
Arrival Time		38.689		

Destination Clock Path

Delay Type	Incr (ns)	Path (ns)	Location	Netlist Resource(s)
(clock clk_out1_clk_wiz_0 rise edge)	(r) 40.000	40.000		
	(r) 0.000	40.000	Site: N13	▷ clk
net (fo=0)	0.000	40.000		↗ uut_clk_wiz_0/inst/clk_in1
IBUF (Prop ibuf I O)	(r) 0.867	40.867	Site: N13	◁ uut_clk_wiz_0/inst/clkin1_ibufg/O
net (fo=1, routed)	1.181	42.048		↗ uut_clk_wiz_0/inst/clk_in1_clk_wiz_0
PLLE2_ADV (Prop pll...dv CLKIN1 CLKOUT0)	(r) -7.753	34.295	Site: PLL..._ADV_X0Y0	◁ uut_clk_wiz_0/inst/plle2_adv_inst/CLKOUT0
net (fo=1, routed)	1.582	35.877		↗ uut_clk_wiz_0/inst/clk_out1_clk_wiz_0
BUFG (Prop bufg I O)	(r) 0.091	35.968	Site: BUFGCTRL_X0Y0	◁ uut_clk_wiz_0/inst/clkout1_buf/O
net (fo=45, routed)	1.514	37.482		↗ spi_clk_OBUF
FDRE			Site: SLICE_X3Y13	▷ adc_dinlock_reg[1]/C
clock pessimism	-0.443	37.039		
clock uncertainty	-0.129	36.911		
FDRE (Setup fdre C D)	-0.040	36.871	Site: SLICE_X3Y13	▪ adc_dinlock_reg[1]
Required Time		36.871		

图 5.30　建立时间时序报告 2

Summary

Name	Path 29
Slack (Hold)	20.929ns
Source	spi_miso (input port clocked by SPI_CLK {rise@0.000ns fall@20.000ns period=40.000ns})
Destination	adc_dinlock_reg[0]/D (rising edge-triggered cell FDRE clocked by clk_out1_clk_wiz_0 {rise@0.000ns fall@20.000ns period=40.000ns})
Path Group	clk_out1_clk_wiz_0
Path Type	Hold (Min at Fast Process Corner)
Requirement	-20.000ns (clk_out1_clk_wiz_0 rise@0.000ns - SPI_CLK fall@20.000ns)
Data Path Delay	0.564ns (logic 0.224ns (39.752%) route 0.340ns (60.248%))
Logic Levels	1 (IBUF=1)
Input Delay	-0.500ns
Clock Path Skew	-1.068ns
Clock Uncertainty	0.129ns

图 5.31 保持时间时序报告 1

Source Clock Path

Delay Type	Incr (ns)	Path (...	Location	Netlist Resource(s)
(clock SPI_CLK fall edge)	(f) 20.000	20.000		
	(f) 0.000	20.000	Site: N13	clk
net (fo=0)	0.000	20.000		uut_clk_wiz_0/inst/clk_in1
IBUF (Prop_ibuf_I_O)	(f) 0.230	20.230	Site: N13	uut_clk_wiz_0/inst/clkin1_ibufg/O
net (fo=1, routed)	0.440	20.670		uut_clk_wiz_0/inst/clk_in1_clk_wiz_0
PLLE2_ADV (Prop_pll...dv_CLKIN1_CLKOUT0)	(f) -2.326	18.345	Site: PLL..._ADV_X0Y0	uut_clk_wiz_0/inst/plle2_adv_inst/CLKOUT0
net (fo=1, routed)	0.504	18.848		uut_clk_wiz_0/inst/clk_out1_clk_wiz_0
BUFG (Prop_bufg_I_O)	(f) 0.026	18.874	Site: BUFGCTRL_X0Y0	uut_clk_wiz_0/inst/clkout1_buf/O
net (fo=45, routed)	0.748	19.623		spi_clk_OBUF
OBUF (Prop_obuf_I_O)	(f) 1.180	20.803	Site: T7	spi_clk_OBUF_inst/O
net (fo=0)	0.000	20.803		spi_clk

Data Path

Delay Type	Incr (ns)	Path (ns)	Location	Netlist Resource(s)
input delay	-0.500	20.303		
	(r) 0.000	20.303	Site: P9	spi_miso
net (fo=0)	0.000	20.303		spi_miso
IBUF (Prop_ibuf_I_O)	(r) 0.224	20.528	Site: P9	spi_miso_IBUF_inst/O
net (fo=8, routed)	0.340	20.868		spi_miso_IBUF
FDRE			Site: SLICE_X1Y13	adc_dinlock_reg[0]/D
Arrival Time		20.868		

Destination Clock Path

Delay Type	Incr (ns)	Path (ns)	Location	Netlist Resource(s)
(clock clk_out1_clk_wiz_0 rise edge)	(r) 0.000	0.000		
	(r) 0.000	0.000	Site: N13	clk
net (fo=0)	0.000	0.000		uut_clk_wiz_0/inst/clk_in1
IBUF (Prop_ibuf_I_O)	(r) 0.419	0.419	Site: N13	uut_clk_wiz_0/inst/clkin1_ibufg/O
net (fo=1, routed)	0.481	0.900		uut_clk_wiz_0/inst/clk_in1_clk_wiz_0
PLLE2_ADV (Prop_pll...dv_CLKIN1_CLKOUT0)	(r) -2.641	-1.741	Site: PLL..._ADV_X0Y0	uut_clk_wiz_0/inst/plle2_adv_inst/CLKOUT0
net (fo=1, routed)	0.550	-1.191		uut_clk_wiz_0/inst/clk_out1_clk_wiz_0
BUFG (Prop_bufg_I_O)	(r) 0.029	-1.162	Site: BUFGCTRL_X0Y0	uut_clk_wiz_0/inst/clkout1_buf/O
net (fo=45, routed)	0.861	-0.302		spi_clk_OBUF
FDRE			Site: SLICE_X1Y13	adc_dinlock_reg[0]/C
clock pessimism	0.037	-0.265		
clock uncertainty	0.129	-0.136		
FDRE (Hold_fdre_C_D)	0.075	-0.061	Site: SLICE_X1Y13	adc_dinlock_reg[0]
Required Time		-0.061		

图 5.32 保持时间时序报告 2

　　大家可以考虑一下,若 set_input_delay 约束的参考时钟沿为上升沿,即 Dealy value is relative to clock edge 设置为 rise,和实例 5.7 一开始的分析方法一致,这个实例该如何约束? 结果是否也一样呢?

　　另外,大家可能已经注意到了,这个实例中建立时间报告的余量(Slack)是负值,也就是说,这个时序是失败的。那如何解决呢? 对于这个例子,最简单的办法是降低时钟频率,这样可用时间增加,问题总会解决。但是降低时钟频率意味着 SPI 通信的整体速度变慢,可能影响系统性能,所以这不是最好的解决方案。若大家再仔细分析保持时间报告,就可以发现保持时间余量非常充足,那么也可以考虑在 FPGA 内部将数据的采样由上升沿改为下降沿,或者更推荐的做法是,FPGA 内部采样 spi_miso 信号的时钟相对于输出的 spi_clk 能够有一定的相位差,这也无形中调整了建立时间关系和保持时间关系,让这两个对立的关系能够达到一个相对的平衡。关于具体的实现,这里不再展开介绍,有兴趣的读者可以自己研究和实践。

5.4　输出接口约束语法

　　set_output_delay 命令用于指定输出数据引脚相对于其时钟沿的路径延时。通常输出延时值包括了数据信号从 FPGA 引脚到外部芯片的板级延时、外部芯片的建立时间和保持时间等。输出延时值可以是正值,也可以是负值。

　　set_output_delay 命令可以应用于 FPGA 器件的输出数据引脚或双向数据引脚,但不适用于 FPGA 内部信号或时钟输出引脚。若使用 set_output_delay 约束时钟输出引脚,将会被时序工具忽略。set_output_delay 以-max 和-min 参数分别表示约束的最大值和最小值,最大值用于建立时间检查,最小值用于保持时间检查。

　　set_output_delay 约束命令的语法格式与 set_input_delay 一样,其基本语法如下。

```
set_output_delay - clock < args > - reference_pin < args > - clock_fall - rise - max - add_
delay < delay > < objects >
```

- -clock 用于指定约束引脚的同步时钟(源时钟),其后的< args >即需要指定的同步时钟名称,这个时钟可以是设计中事先定义的主时钟或虚拟时钟。
- -reference_pin 用于指定延时值< delay >的参考时钟,其后的< args >即需要指定的参考时钟名称。-reference_pin < args >是可选项,不指定该选项,则指定延时值< delay >的参考时钟就是-clock 指定的同步时钟。
- -clock_fall 命令选项指定输出延时的取值相对于同步时钟的下降沿。若不指定-clock_fall 命令选项,Vivado 时序工具将默认为-clock_rise。
- -rise 指定约束信号相对时钟的边沿关系是上升沿,也可以用-fall 指定为下降沿。
- -max 表示设定最大延时值,也可以使用-min 设定最小延时值。若不指定-min 或-max 命令选项,则输出延时值同时用于最大和最小延时值的时序路径分析。

- <delay>用于指定将应用到目标输出引脚的延时值。有效值为大于等于0的浮点数,1.0为默认值。
- <objects>用于指定约束的目标输出引脚名称。

5.5 输出接口约束实例

实例5.9:以主时钟为同步时钟的输出引脚约束

该实例对一个输出引脚 DOUT 进行输出延时约束,参考时钟是事先定义好的主时钟 sysClk。该约束未指定-max 和-min,表示约束的延时值同时应用于-max 和-min 两种情况。

```
create_clock − name sysClk − period 10 [get_ports CLK0]
set_output_delay − clock sysClk 6 [get_ports DOUT]
```

实例5.10:以虚拟时钟为同步时钟的输出引脚约束

该实例对一个输出引脚 DOUT 进行输出延时约束,参考时钟是事先定义好的虚拟时钟 clk_port_virt。该约束未指定-max 和-min,表示约束的延时值同时应用于-max 和-min 两种情况。

```
create_clock − name clk_port_virt − period 10
set_output_delay − clock clk_port_virt 6 [get_ports DOUT]
```

实例5.11:同时指定时钟上升沿和下降沿的输出引脚约束

该实例对一个 DDR 数据端口 DDR_OUT 进行输出延时约束,其参考时钟是事先定义好的主时钟 clk_ddr。在约束中,由于输出数据引脚 DDR_OUT 在时钟 clk_ddr 的上升沿和下降沿同时需要采样,所以使用-clock_fall -add_delay 选项额外指定了下降沿的输出延时(无-clock_fall -add_delay 的选项默认为上升沿的输出延时约束)。

```
create_clock − name clk_ddr − period 6 [get_ports DDR_CLK_IN]
set_output_delay − clock clk_ddr − max 2.1 [get_ports DDR_OUT]
set_output_delay − clock clk_ddr − max 1.9 [get_ports DDR_OUT] − clock_fall − add_delay
set_output_delay − clock clk_ddr − min 0.9 [get_ports DDR_OUT]
set_output_delay − clock clk_ddr − min 1.1 [get_ports DDR_OUT] − clock_fall − add_delay
```

5.6 输出接口约束分析

实例5.12:VGA 驱动输出引脚约束

如图 5.33 所示,以 FPGA 到 A/D 芯片 ADV7123 的输出接口为例。ADV7123 是一颗

3路并行高速 A/D 芯片,用于驱动 VGA 接口的显示器。FPGA 与 ADV7123 之间是一组源同步接口,输出时钟信号 vga_clk,数据信号包括 vga_r[4:0]、vga_g[5:0]、vga_b[4:0]、vga_rgb[2:0]、vga_vsy 和 vga_hsy。FPGA 输出的数据信号可以使用 set_output_delay 命令进行时序约束。

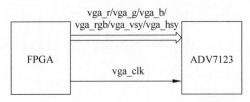

图 5.33   FPGA 器件与 ADV7123 芯片接口

可以先回顾一下在 2.5 节中提到的寄存器到引脚的时序路径模型。图 5.34 就是这样一个 FPGA 输出引脚的源同步接口。

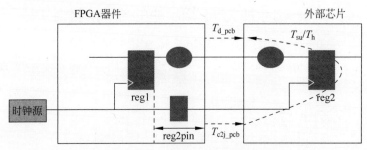

图 5.34   FPGA 输出引脚的源同步接口

按照 2.5.2 节的分析,可以使用如下的公式计算输出引脚进行 set_output_delay 约束的最大值和最小值。

(1) 用于建立时间分析的 set_output_delay-max 时间计算:
$$set\_output\_delay(max) = T_{d\_pcb}(max) - T_{c2j\_pcb}(min) + T_{su}$$
(2) 用于保持时间分析的 set_output_delay-min 时间计算:
$$set\_output\_delay(min) = T_{d\_pcb}(min) - T_{c2j\_pcb}(max) - T_{h}$$

数据和时钟在 PCB 板上的延时值 T_{d_pcb} 和 T_{c2j_pcb},通过 PCB 的走线测量即可算出。PCB 板级走线延时可以按照 0.17ns/in 进行换算。该实例中,假设 $T_{d\_pcb}(max) = 0.5ns$,$T_{d\_pcb}(min) = 0ns$,$T_{c2j\_pcb}(max) = 0.5ns$,$T_{c2j\_pcb}(min) = 0ns$。

在 ADV7123 的芯片手册中,可以看到如图 5.35 和图 5.36 所示的接口时序参数和时序波形。在截图中,可以找到 t_1 和 t_2 两个参数,分别为数据采样的建立时间 T_{su} 和保持时间 T_{h},也即 $T_{su} = t_1 = 0.2ns$,$T_{h} = t_2 = 1.5ns$。

代入这些已知参数,可以根据公式计算得到 set_output_delay 约束的最大值和最小值如下。

set_output_delay(max) = 0.5ns − 0ns + 1.5ns = 2ns
set_output_delay(min) = 0ns − 0.5ns − 0.2ns = −0.7ns

Table 6.

Parameter[3]	Symbol	Min	Typ	Max	Unit	Conditions
ANALOG OUTPUTS						
Analog Output Delay	t_6		7.5		ns	
Analog Output Rise/Fall Time[4]	t_7		1.0		ns	
Analog Output Transition Time[5]	t_8		15		ns	
Analog Output Skew[6]	t_9		1 2		ns	
CLOCK CONTROL						
CLOCK Frequency[7]	f_{CLK}			50	MHz	50 MHz grade
				140	MHz	140 MHz grade
				240	MHz	240 MHz grade
				330	MHz	330 MHz grade
Data and Control Setup	t_1	0.2			ns	
Data and Control Hold	t_2	1.5			ns	
CLOCK Period	t_3	3			ns	
CLOCK Pulse Width High[6]	t_4	1.4			ns	f_{CLK_MAX} = 330 MHz
CLOCK Pulse Width Low[6]	t_5	1.4			ns	f_{CLK_MAX} = 330 MHz
CLOCK Pulse Width High	t_4	1.875			ns	f_{CLK_MAX} = 240 MHz
CLOCK Pulse Width Low	t_5	1.875			ns	f_{CLK_MAX} = 240 MHz
CLOCK Pulse Width High	t_4	2.85			ns	f_{CLK_MAX} = 140 MHz
CLOCK Pulse Width Low	t_5	2.85			ns	f_{CLK_MAX} = 140 MHz
CLOCK Pulse Width High	t_4	8.0			ns	f_{CLK_MAX} = 50 MHz
CLOCK Pulse Width Low	t_5	8.0			ns	f_{CLK_MAX} = 50 MHz
Pipeline Delay[6]	t_{PD}	1.0	1.0	1.0	Clock cycles	
PSAVE Up Time[6]	t_{10}		4	10	ns	

图 5.35　ADV7123 接口时序参数截图

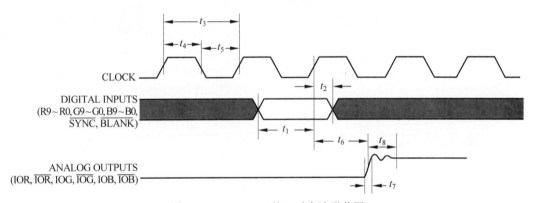

图 5.36　ADV7123 接口时序波形截图

在 Vivado 中,首先需要进行衍生时钟约束。时钟信号 vga_clk 的上升沿为了更好地和同步数据的中央对齐,以获得最佳的建立时间和保持时间余量,由 PLL 的输出时钟(u1_clk_wiz_0/clk_out5)反向后输出,使用 GUI 进行衍生时钟约束如图 5.37 所示。该衍生时钟名称为 VGA_CLK,目标引脚是 vga_clk,源时钟是 PLL 输出时钟 u1_clk_wiz_0/clk_out5,同频率,相位取反(如图中箭头指示,在 GUI 中勾选 Invert the generated clock signal)。

衍生时钟的约束脚本如下。

```
create_generated_clock - name VGA_CLK - source [get_pins u1_clk_wiz_0/clk_out5] - multiply_
by 1 - invert [get_ports vga_clk]
```

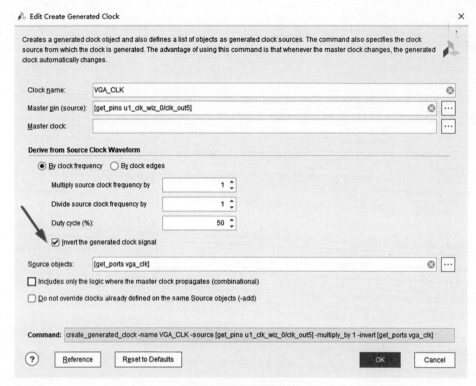

图 5.37　衍生时钟约束

如图 5.38 所示,在 Timing Constrains 页面中,找到并选择 Outputs→Set Output Delay 分类,单击其主页面中左上角的"＋"号添加一个新的约束。

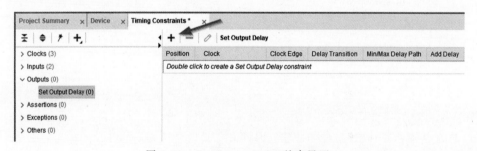

图 5.38　Set Output Delay 约束界面

Set Output Delay 最大值约束如图 5.39 所示,选择同步时钟 Clock 为新约束的 VGA_CLK,约束引脚 Objects(ports)为 vga_r[4:0]、vga_g[5:0]、vga_b[4:0]、vga_rgb[2:0]、vga_vsy 和 vga_hsy,延时值 Delay value 为 2ns,勾选 Delay value specifies 为 max。

Set Output Delay 最小值约束如图 5.40 所示,选择同步时钟 Clock 为新约束的 VGA_CLK,约束引脚 Objects(ports)为 vga_r[4:0]、vga_g[5:0]、vga_b[4:0]、vga_rgb[2:0]、vga_vsy 和 vga_hsy,延时值 Delay value 为－0.7ns,勾选 Delay value specifies 为 min。

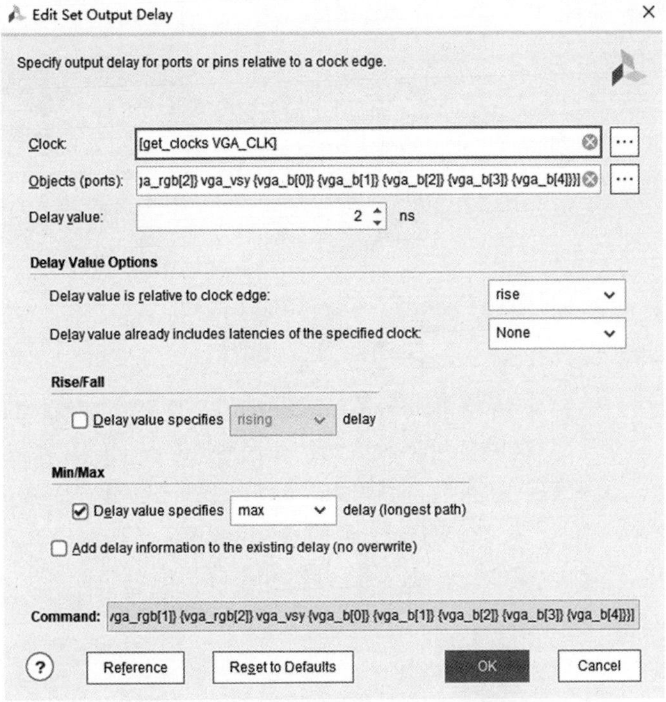

图 5.39 Set Output Delay 最大值约束

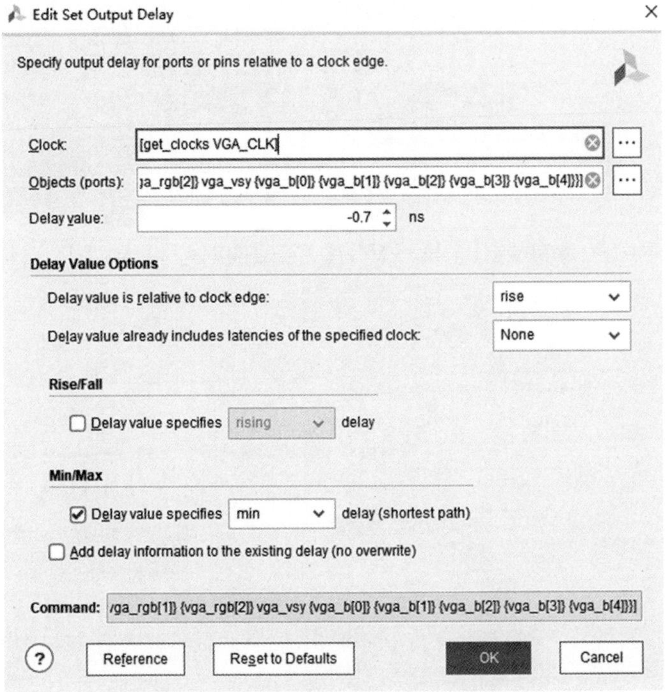

图 5.40 Set Output Delay 最小值约束

生成的约束脚本如下。

```
set_output_delay - clock [get_clocks VGA_CLK] - max 2.0 [get_ports {{vga_g[0]} {vga_g[1]}
{vga_g[2]} {vga_g[3]} {vga_g[4]} {vga_g[5]} vga_hsy {vga_r[0]} {vga_r[1]} {vga_r[2]} {vga_r
[3]} {vga_r[4]} {vga_rgb[0]} {vga_rgb[1]} {vga_rgb[2]} vga_vsy {vga_b[0]} {vga_b[1]} {vga_b
[2]} {vga_b[3]} {vga_b[4]}}]

set_output_delay - clock [get_clocks VGA_CLK] - min - 0.7 [get_ports {{vga_g[0]} {vga_g[1]}
{vga_g[2]} {vga_g[3]} {vga_g[4]} {vga_g[5]} vga_hsy {vga_r[0]} {vga_r[1]} {vga_r[2]} {vga_r
[3]} {vga_r[4]} {vga_rgb[0]} {vga_rgb[1]} {vga_rgb[2]} vga_vsy {vga_b[0]} {vga_b[1]} {vga_b
[2]} {vga_b[3]} {vga_b[4]}}]
```

重新对工程进行编译,随后单击 Open Implemented Design,查看 Timing 中的 Clock Summary,如图 5.41 所示。这里显示了约束的衍生时钟 VGA_CLK,它是 PLL 的输出时钟 clk_out5_clk_wiz_0 的同频反相时钟。时钟 clk_out5_clk_wiz_0 和 VGA_CLK 的时钟周期都是 13.846ns(时钟频率是 72.222MHz);但时钟 clk_out5_clk_wiz_0 的上升沿和下降沿时刻是 0ns 和 6.923ns,时钟 VGA_CLK 的上升沿和下降沿时刻是 6.923ns 和 13.846ns,正好反相(180°相位差)。

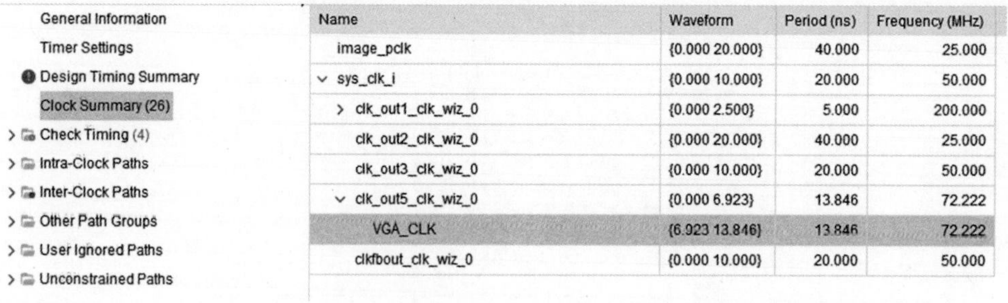

图 5.41　Clock Summary 报告

查看 Timing 中 Intra-Clock Paths→VGA_CLK 的时序报告,如图 5.42 所示。

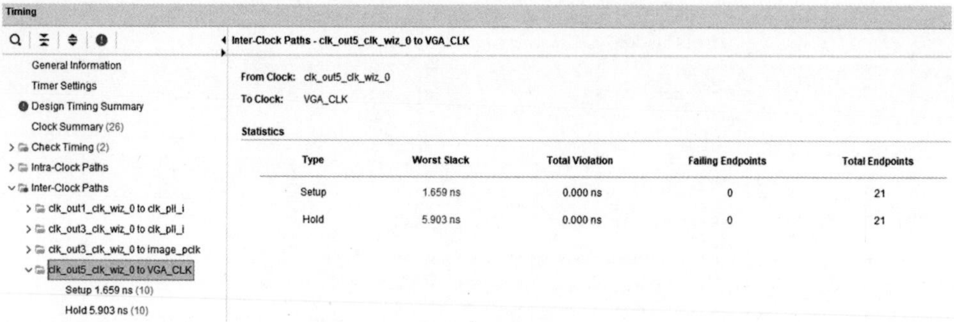

图 5.42　衍生时钟 VGA_CLK 的报告

下面来看一条建立时间路径的详细时序报告。

如图 5.44 所示,源时钟延时(Source Clock Path)为 -0.909ns。Data Path 最终算得的 Arrival Time 为 7.719ns,若扣除时钟延时(Source Clock Path),在 FPGA 内部的纯数据延时为 7.719ns$-(-0.909$ns$)=8.628$ns,即如图 5.43 所示 Summary 报告中的 Data Path Delay 时间 8.629ns(计算中可能存在四舍五入误差,最后一位偏差±1 属于正常结果)。如图 5.45 所示,Set_output_delay 的最大值 2ns 作为 Data Path 的 Output Delay(取负值)进行计算。Destination Clock Path 延时为 9.378ns,其中包括了时钟锁存沿 6.923ns、Clock Pessimism 时间 0.561ns、Clock Uncertainty 时间-0.118ns、Output Delay 时间-2ns 以及纯时钟路径延时。纯时钟路径延时为 9.378ns-6.923ns-0.561ns$-(-0.118$ns$)-(-2$ns$)=4.012$ns。

Summary	
Name	Path 280
Slack	1.659ns
Source	u5_lcd_driver/vga_valid_reg/C (rising edge-triggered cell FDCE clocked by clk_out5_clk_wiz_0 {rise@0.000ns fall@6.923ns period=13.846ns})
Destination	vga_b[3] (output port clocked by VGA_CLK {rise@6.923ns fall@13.846ns period=13.846ns})
Path Group	VGA_CLK
Path Type	Max at Slow Process Corner
Requirement	6.923ns (VGA_CLK rise@6.923ns - clk_out5_clk_wiz_0 rise@0.000ns)
Data Path Delay	8.629ns (logic 4.793ns (55.545%) route 3.836ns (44.455%))
Logic Levels	2 (LUT2=1 OBUF=1)
Output Delay	2.000ns
Clock Path Skew	5.482ns
Clock Uncertainty	0.118ns

图 5.43　建立时间时序报告 1

Source Clock Path				
Delay Type	Incr (ns)	Path (ns)	Location	Netlist Resource(s)
(clock clk_out5_clk_wiz_0 rise edge)	(r) 0.000	0.000		
	(r) 0.000	0.000	Site: N11	sys_clk_i
net (fo=0)	0.000	0.000		u1_clk_wiz_0/inst/clk_in1
IBUF (Prop_ibuf_I_O)	(r) 1.519	1.519	Site: N11	u1_clk_wiz_0/inst/clkin1_ibufg/O
net (fo=1, routed)	1.233	2.752		u1_clk_wiz_0/inst/clk_in1_clk_wiz_0
MMCME2_ADV (Prop_mmc...adv_CLKIN1_CLKOUT4)	(r) -6.965	-4.213	Site: MMCM..._ADV_X0Y0	u1_clk_wiz_0/inst/mmcm_adv_inst/CLKOUT4
net (fo=1, routed)	1.666	-2.546		u1_clk_wiz_0/inst/clk_out5_clk_wiz_0
BUFG (Prop_bufg_I_O)	(r) 0.096	-2.450	Site: BUFGCTRL_X0Y4	u1_clk_wiz_0/inst/clkout5_buf/O
net (fo=118, routed)	1.541	-0.909		u5_lcd_driver/clk_out5
FDCE			Site: SLICE_X51Y73	u5_lcd_driver/vga_valid_reg/C

Data Path				
Delay Type	Incr (ns)	Path (ns)	Location	Netlist Resource(s)
FDCE (Prop_fdce_C_Q)	(r) 0.456	-0.453	Site: SLICE_X51Y73	u5_lcd_driver/vga_valid_reg/Q
net (fo=9, routed)	1.017	0.564		u5_lcd_driver/vga_valid
LUT2 (Prop_lut2_I0_O)	(r) 0.150	0.714	Site: SLICE_X54Y72	u5_lcd_driver/vga_r_OBUF[3]_inst_i_1/O
net (fo=3, routed)	2.819	3.532		vga_b_OBUF[3]
OBUF (Prop_obuf_I_O)	(r) 4.187	7.719	Site: B6	vga_b_OBUF[3]_inst/O
net (fo=0)	0.000	7.719		vga_b[3]
			Site: B6	vga_b[3]
Arrival Time		7.719		

图 5.44　建立时间时序报告 2

Destination Clock Path

Delay Type	Incr (ns)	Path (ns)	Location	Netlist Resource(s)
(clock VGA_CLK rise edge)	(f) 6.923	6.923		
	(f) 0.000	6.923	Site: N11	sys_clk_i
net (fo=0)	0.000	6.923		u1_clk_wiz_0/inst/clk_in1
IBUF (Prop_ibuf_I_O)	(f) 1.448	8.371	Site: N11	u1_clk_wiz_0/inst/clkin1_ibufg/O
net (fo=1, routed)	1.162	9.533		u1_clk_wiz_0/inst/clk_in1_clk_wiz_0
MMCME2_ADV (Prop_mmc...adv_CLKIN1_CLKOUT4)	(f) -7.221	2.311	Site: MMCM..._ADV_X0Y0	u1_clk_wiz_0/inst/mmcm_adv_inst/CLKOUT4
net (fo=1, routed)	1.587	3.899		u1_clk_wiz_0/inst/clk_out5_clk_wiz_0
BUFG (Prop_bufg_I_O)	(f) 0.091	3.990	Site: BUFGCTRL_X0Y4	u1_clk_wiz_0/inst/clkout5_buf/O
net (fo=118, routed)	1.610	5.600		clk_75m
LUT1 (Prop_lut1_I0_O)	(r) 0.100	5.700	Site: SLICE_X65Y75	vga_clk_OBUF_inst_i_1/O
net (fo=1, routed)	1.447	7.147		vga_clk_OBUF
OBUF (Prop_obuf_I_O)	(r) 3.787	10.934	Site: D4	vga_clk_OBUF_inst/O
net (fo=0)	0.000	10.934		vga_clk
			Site: D4	vga_clk
clock pessimism	0.561	11.496		
clock uncertainty	-0.118	11.378		
output delay	-2.000	9.378		
Required Time		9.378		

图 5.45　建立时间时序报告 3

再回头看图 5.43 的 Summay 报告,首先注意 Source 一行括号中标示的源寄存器时钟是 FPGA 内部 PLL 时钟,而 Destination 一行括号中标示的目的寄存器时钟是 VGA_CLK,即源寄存器时钟的反相。因此,Requirement 是 6.923ns,即半个时钟周期。最终的时序余量(Slack)为 9.378ns−7.719ns=1.659ns。

若用寄存器模型标示这些延时参数,如图 5.46 所示。

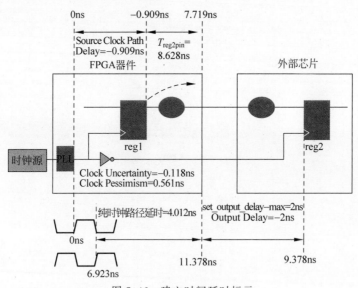

图 5.46　建立时间延时标示

再来看相同路径的保持时间时序分析报告。

如图 5.48 所示，Source Clock Path 为 13.429ns，若扣除时钟发射沿(clock VGA_CLK rise edge)13.846ns，算得纯时钟路径延时为 13.429ns－13.846ns＝－0.417ns。Data Path 最终算得的 Arrival Time 为 16.444ns，若扣除时钟延时(Source Clock Path)，在 FPGA 内部的纯数据延时为 16.444ns－13.429ns＝3.015ns，即图 5.47 所示 Summary 报告中的 Data Path Delay 时间。如图 5.49 所示，Set_output_delay 的最小值 0.7ns 作为 Data Path 的 Output Delay(取正值)进行计算。Destination Clock Path 延时为 10.416ns，其中包括了时钟锁存沿 6.923ns、纯时钟路径延时、Clock Pessimism 时间 0.423ns、Clock Uncertainty 时间 0.118ns、Output Delay 时间 0.7ns。纯时钟路径延时为 10.416ns－6.923ns－0.423ns－0.118ns－0.7ns＝2.252ns。

Summary	
Name	Path 294
Slack (Hold)	6.028ns
Source	u5_lcd_driver/lcd_db_rgb_reg[5]/C (rising edge-triggered cell FDCE clocked by clk_out5_clk_wiz_0 {rise@0.000ns fall@6.923ns period=13.846ns})
Destination	vga_r[2] (output port clocked by VGA_CLK {rise@6.923ns fall@13.846ns period=13.846ns})
Path Group	VGA_CLK
Path Type	Min at Fast Process Corner
Requirement	-6.923ns (VGA_CLK rise@6.923ns - clk_out5_clk_wiz_0 rise@13.846ns)
Data Path Delay	3.015ns (logic 2.203ns (73.083%) route 0.812ns (26.917%))
Logic Levels	2 (LUT2=1 OBUF=1)
Output Delay	-0.700ns
Clock Path Skew	3.092ns
Clock Uncertainty	0.118ns

图 5.47 保持时间时序报告 1

Source Clock Path				
Delay Type	Incr (ns)	Path (ns)	Location	Netlist Resource(s)
(clock clk_out5_clk_wiz_0 rise edge)	(r) 13.846	13.846		
	(r) 0.000	13.846	Site: N11	sys_clk_i
net (fo=0)	0.000	13.846		u1_clk_wiz_0/inst/clk_in1
IBUF (Prop ibuf I O)	(r) 0.436	14.282	Site: N11	u1_clk_wiz_0/inst/clkin1_ibufg/O
net (fo=1, routed)	0.440	14.723		u1_clk_wiz_0/inst/clk_in1_clk_wiz_0
MMCME2_ADV (Prop mmc..adv CLKIN1 CLKOUT4)	(r) -2.362	12.360	Site: MMCM..._ADV_X0Y0	u1_clk_wiz_0/inst/mmcm_adv_inst/CLKOUT4
net (fo=1, routed)	0.489	12.849		u1_clk_wiz_0/inst/clk_out5_clk_wiz_0
BUFG (Prop bufg I O)	(r) 0.026	12.875	Site: BUFGCTRL_X0Y4	u1_clk_wiz_0/inst/clkout5_buf/O
net (fo=118, routed)	0.554	13.429		u5_lcd_driver/clk_out5
FDCE			Site: SLICE_X54Y71	u5_lcd_driver/lcd_db_rgb_reg[5]/C
Data Path				
Delay Type	Incr (ns)	Path (ns)	Location	Netlist Resource(s)
FDCE (Prop fdce C Q)	(r) 0.164	13.593	Site: SLICE_X54Y71	u5_lcd_driver/lcd_db_rgb_reg[5]/Q
net (fo=1, routed)	0.218	13.811		u5_lcd_driver/rp_0_in_0[2]
LUT2 (Prop lut2 I1 O)	(r) 0.045	13.856	Site: SLICE_X54Y72	u5_lcd_driver/vga_r_OBUF[2]_inst_i_1/O
net (fo=3, routed)	0.593	14.449		vga_b_OBUF[2]
OBUF (Prop obuf I O)	(r) 1.994	16.444	Site: D3	vga_r_OBUF[2]_inst/O
net (fo=0)	0.000	16.444		vga_r[2]
			Site: D3	vga_r[2]
Arrival Time		16.444		

图 5.48 保持时间时序报告 2

再回头看图 5.47 的 Summay 报告，最终的时序余量(Slack)为 16.444ns－10.416ns＝6.028ns。

Delay Type	Incr (ns)	Path (ns)	Location	Netlist Resource(s)
Destination Clock Path				
(clock VGA_CLK rise edge)	(f) 6.923	6.923		
	(f) 0.000	6.923	Site: N11	sys_clk_i
net (fo=0)	0.000	6.923		u1_clk_wiz_0/inst/clk_in1
IBUF (Prop_ibuf_I_O)	(f) 0.475	7.398	Site: N11	u1_clk_wiz_0/inst/clkin1_ibufg/O
net (fo=1, routed)	0.480	7.878		u1_clk_wiz_0/inst/clk_in1_clk_wiz_0
MMCME2_ADV (Prop_mmc...adv_CLKIN1_CLKOUT4)	(f) -3.145	4.733	Site: MMCM..._ADV_X0Y0	u1_clk_wiz_0/inst/mmcm_adv_inst/CLKOUT4
net (fo=1, routed)	0.534	5.266		u1_clk_wiz_0/inst/clk_out5_clk_wiz_0
BUFG (Prop_bufg_I_O)	(f) 0.029	5.295	Site: BUFGCTRL_X0Y4	u1_clk_wiz_0/inst/clkout5_buf/O
net (fo=118, routed)	0.910	6.205		clk_75m
LUT1 (Prop_lut1_I0_O)	(r) 0.056	6.261	Site: SLICE_X65Y75	vga_clk_OBUF_inst_i_1/O
net (fo=1, routed)	0.583	6.845		vga_clk_OBUF
OBUF (Prop_obuf_I_O)	(r) 2.330	9.175	Site: D4	vga_clk_OBUF_inst/O
net (fo=0)	0.000	9.175		vga_clk
			Site: D4	vga_clk
clock pessimism	0.423	9.598		
clock uncertainty	0.118	9.716		
output delay	0.700	10.416		
Required Time		10.416		

图 5.49　保持时间时序报告 3

若用寄存器模型标示这些延时参数,如图 5.50 所示。

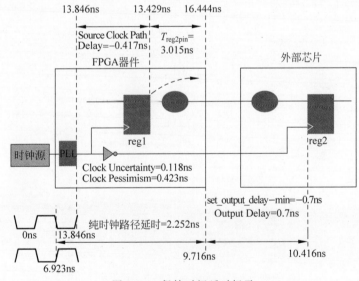

图 5.50　保持时间延时标示

实例 5.13：SPI 接口输出引脚约束

如图 5.51 所示,与实例 5.8 一样,以 FPGA 和外设之间的 SPI 接口为例。FPGA 器件作为 SPI 接口主机,与外设芯片进行 SPI 总线通信,对于 FPGA 器件的 spi_mosi 输出数据信号,也可以使用 set_output_delay 命令进行时序约束。

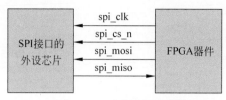

图 5.51　SPI 接口示意图

按照 2.5.2 节的分析,可以使用如下的公式计算输出引脚进行 set_output_delay 约束的最大值和最小值。

(1) 用于建立时间分析的 set_output_delay-max 时间计算:
$$\text{set\_output\_delay}(\max) = T_{d\_pcb}(\max) - T_{c2j\_pcb}(\min) + T_{su}$$
(2) 用于保持时间分析的 set_output_delay-min 时间计算:
$$\text{set\_output\_delay}(\min) = T_{d\_pcb}(\min) - T_{c2j\_pcb}(\max) - T_h$$

该实例中,仍然假设 $T_{d\_pcb}(\max) = 0.5\text{ns}$, $T_{d\_pcb}(\min) = 0\text{ns}$, $T_{c2j\_pcb}(\max) = 0.5\text{ns}$, $T_{c2j\_pcb}(\min) = 0\text{ns}$。

在 M25P40 的芯片手册中,可以看到如图 5.52 和图 5.53 所示的接口时序参数和时序波形。在截图中,可以找到 t_{DVCH} 和 t_{CHDX} 两个参数,分别为数据采样的建立时间 T_{su} 和保持时间 T_h,也即 $T_{su} = t_{DVCH} = 5\text{ns}$,$T_h = t_{CHDX} = 5\text{ns}$。

Table 13. AC Characteristics

		Test conditions specified in Table 9 and Table 10				
Symbol	Alt.	Parameter	Min.	Typ.	Max.	Unit
f_C	f_C	Clock Frequency for the following instructions: FAST_READ, PP, SE, BE, DP, RES, WREN, WRDI, RDSR, WRSR	D.C.		25	MHz
f_R		Clock Frequency for READ instructions	D.C.		20	MHz
t_{CH} [1]	t_{CLH}	Clock High Time	18			ns
t_{CL} [1]	t_{CLL}	Clock Low Time	18			ns
t_{CLCH} [2]		Clock Rise Time[3] (peak to peak)	0.1			V/ns
t_{CHCL} [2]		Clock Fall Time[3] (peak to peak)	0.1			V/ns
t_{SLCH}	t_{CSS}	$\overline{S}$ Active Setup Time (relative to C)	10			ns
t_{CHSL}		$\overline{S}$ Not Active Hold Time (relative to C)	10			ns
t_{DVCH}	t_{DSU}	Data In Setup Time	5			ns
t_{CHDX}	t_{DH}	Data In Hold Time	5			ns
t_{CHSH}		$\overline{S}$ Active Hold Time (relative to C)	10			ns
t_{SHCH}		$\overline{S}$ Not Active Setup Time (relative to C)	10			ns
t_{SHSL}	t_{CSH}	$\overline{S}$ Deselect Time	100			ns
t_{SHQZ} [2]	t_{DIS}	Output Disable Time			15	ns
t_{CLQV}	t_V	Clock Low to Output Valid			15	ns

图 5.52　M25P40 的时序参数列表截图

代入这些已知参数,可以根据公式计算得到 set_output_delay 的最大值和最小值时间如下。

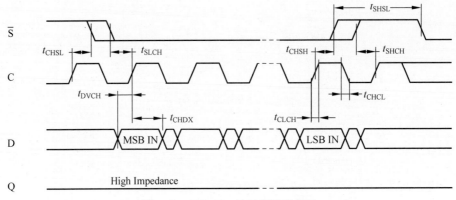

图 5.53   M25P40 的时序波形截图

$$\text{set\_output\_delay(max)} = 0.5\text{ns} - 0\text{ns} + 5\text{ns} = 5.5\text{ns}$$
$$\text{set\_output\_delay(min)} = 0\text{ns} - 0.5\text{ns} - 5\text{ns} = -5.5\text{ns}$$

如图 5.54 和图 5.55 所示,分别对输出数据引脚 spi_mosi 使用 set_output_delay 进行最大值和最小值约束设置。

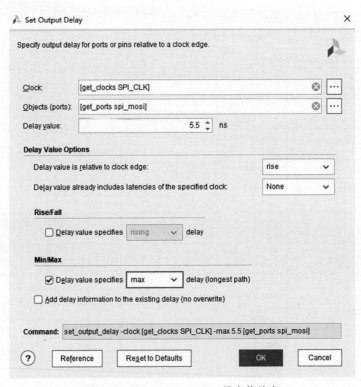

图 5.54   Set Output Delay 最大值约束

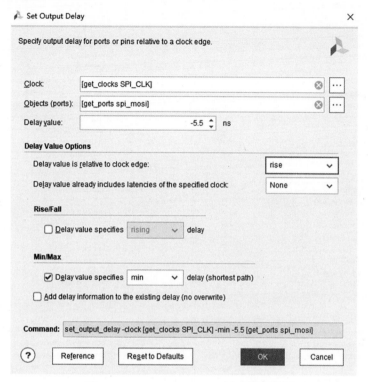

图 5.55　Set Output Delay 最小值约束

约束脚本如下。

```
set_output_delay - clock [get_clocks SPI_CLK] - max 5.5 [get_ports spi_mosi]
set_output_delay - clock [get_clocks SPI_CLK] - min - 5.5 [get_ports spi_mosi]
```

查看一条路径的建立时间的时序报告,如图 5.56 和图 5.57 所示。

Summary	
Name	Path 37
Slack	18.364ns
Source	spi_mosi_reg/C (rising edge-triggered cell FDRE clocked by clk_out1_clk_wiz_0 {rise@0.000ns fall@20.000ns period=40.000ns})
Destination	spi_mosi (output port clocked by SPI_CLK {rise@0.000ns fall@20.000ns period=40.000ns})
Path Group	SPI_CLK
Path Type	Max at Slow Process Corner
Requirement	40.000ns (SPI_CLK rise@40.000ns - clk_out1_clk_wiz_0 rise@0.000ns)
Data Path Delay	19.591ns (logic 3.131ns (15.980%) route 16.460ns (84.020%))
Logic Levels	1 (OBUF=1)
Output Delay	5.500ns
Clock Path Skew	3.583ns
Clock Uncertainty	0.129ns

图 5.56　建立时间时序报告 1

查看同一条路径的保持时间的时序报告,如图 5.58 和图 5.59 所示。

Source Clock Path

Delay Type	Incr (ns)	Path (ns)	Location	Netlist Resource(s)
(clock clk_out1_clk_wiz_0 rise edge)	(r) 0.000	0.000		
	(r) 0.000	0.000	Site: N13	clk
net (fo=0)	0.000	0.000		uut_clk_wiz_0/inst/clk_in1
IBUF (Prop_ibuf_I_O)	(r) 1.001	1.001	Site: N13	uut_clk_wiz_0/inst/clkin1_ibufg/O
net (fo=1, routed)	1.253	2.254		uut_clk_wiz_0/inst/clk_in1_clk_wiz_0
PLLE2_ADV (Prop_pll...dv_CLKIN1_CLKOUT0)	(r) -8.486	-6.231	Site: PLL..._ADV_X0Y0	uut_clk_wiz_0/inst/plle2_adv_inst/CLKOUT0
net (fo=1, routed)	1.660	-4.571		uut_clk_wiz_0/inst/clk_out1_clk_wiz_0
BUFG (Prop_bufg_I_O)	(r) 0.096	-4.475	Site: BUFGCTRL_X0Y0	uut_clk_wiz_0/inst/clkout1_buf/O
net (fo=45, routed)	1.637	-2.838		spi_clk_OBUF
FDRE			Site: SLICE_X0Y8	spi_mosi_reg/C

Data Path

Delay Type	Incr (ns)	Path (ns)	Location	Netlist Resource(s)
FDRE (Prop_fdre_C_Q)	(r) 0.456	-2.382	Site: SLICE_X0Y8	spi_mosi_reg/Q
net (fo=1, routed)	16.460	14.079		spi_mosi_OBUF
OBUF (Prop_obuf_I_O)	(r) 2.675	16.753	Site: P8	spi_mosi_OBUF_inst/O
net (fo=0)	0.000	16.753		spi_mosi
			Site: P8	spi_mosi
Arrival Time		16.753		

Destination Clock Path

Delay Type	Incr (ns)	Path (ns)	Location	Netlist Resource(s)
(clock SPI_CLK rise edge)	(r) 40.000	40.000		
	(r) 40.000	40.000	Site: N13	clk
net (fo=0)	0.000	40.000		uut_clk_wiz_0/inst/clk_in1
IBUF (Prop_ibuf_I_O)	(r) 0.867	40.867	Site: N13	uut_clk_wiz_0/inst/clkin1_ibufg/O
net (fo=1, routed)	1.181	42.048		uut_clk_wiz_0/inst/clk_in1_clk_wiz_0
PLLE2_ADV (Prop_pll...dv_CLKIN1_CLKOUT0)	(r) -7.753	34.295	Site: PLL..._ADV_X0Y0	uut_clk_wiz_0/inst/plle2_adv_inst/CLKOUT0
net (fo=1, routed)	1.582	35.877		uut_clk_wiz_0/inst/clk_out1_clk_wiz_0
BUFG (Prop_bufg_I_O)	(r) 0.091	35.968	Site: BUFGCTRL_X0Y0	uut_clk_wiz_0/inst/clkout1_buf/O
net (fo=45, routed)	2.633	38.601		spi_clk_OBUF
OBUF (Prop_obuf_I_O)	(r) 2.507	41.108	Site: T7	spi_clk_OBUF_inst/O
net (fo=0)	0.000	41.108		spi_clk
			Site: T7	spi_clk
clock pessimism	-0.363	40.746		
clock uncertainty	-0.129	40.617		
output delay	-5.500	35.117		
Required Time		35.117		

图 5.57　建立时间时序报告 2

Summary

Name	Path 38
Slack (Hold)	0.389ns
Source	spi_mosi_reg/C (rising edge-triggered cell FDRE clocked by clk_out1_clk_wiz_0 {rise@0.000ns fall@20.000ns period=40.000ns})
Destination	spi_mosi (output port clocked by SPI_CLK {rise@0.000ns fall@20.000ns period=40.000ns})
Path Group	SPI_CLK
Path Type	Min at Fast Process Corner
Requirement	0.000ns (SPI_CLK rise@0.000ns - clk_out1_clk_wiz_0 rise@0.000ns)
Data Path Delay	7.689ns (logic 1.332ns (17.323%) route 6.357ns (82.677%))
Logic Levels	1 (OBUF=1)
Output Delay	-5.500ns
Clock Path Skew	1.800ns

图 5.58　保持时间时序报告 1

Source Clock Path

Delay Type	Incr (ns)	Path (ns)	Location	Netlist Resource(s)
(clock clk_out1_clk_wiz_0 rise edge)	(r) 0.000	0.000		
	(r) 0.000	0.000	Site: N13	▷ clk
net (fo=0)	0.000	0.000		↗ uut_clk_wiz_0/inst/clk_in1
IBUF (Prop_ibuf_I_O)	(r) 0.230	0.230	Site: N13	◁ uut_clk_wiz_0/inst/clkin1_ibufg/O
net (fo=1, routed)	0.440	0.670		↗ uut_clk_wiz_0/inst/clk_in1_clk_wiz_0
PLLE2_ADV (Prop_pll...dv_CLKIN1_CLKOUT0)	(r) -2.326	-1.655	Site: PLL..._ADV_X0Y0	◁ uut_clk_wiz_0/inst/plle2_adv_inst/CLKOUT0
net (fo=1, routed)	0.504	-1.152		↗ uut_clk_wiz_0/inst/clk_out1_clk_wiz_0
BUFG (Prop_bufg_I_O)	(r) 0.026	-1.126	Site: BUFGCTRL_X0Y0	◁ uut_clk_wiz_0/inst/clkout1_buf/O
net (fo=45, routed)	0.594	-0.532		↗ spi_clk_OBUF
FDRE			Site: SLICE_X0Y8	▷ spi_mosi_reg/C

Data Path

Delay Type	Incr (ns)	Path (ns)	Location	Netlist Resource(s)
FDRE (Prop_fdre_C_Q)	(r) 0.141	-0.391	Site: SLICE_X0Y8	◁ spi_mosi_reg/Q
net (fo=1, routed)	6.357	5.966		↗ spi_mosi_OBUF
OBUF (Prop_obuf_I_O)	(r) 1.191	7.157	Site: P8	◁ spi_mosi_OBUF_inst/O
net (fo=0)	0.000	7.157		↗ spi_mosi
			Site: P8	◁ spi_mosi
Arrival Time		7.157		

Destination Clock Path

Delay Type	Incr (ns)	Path (ns)	Location	Netlist Resource(s)
(clock SPI_CLK rise edge)	(r) 0.000	0.000		
	(r) 0.000	0.000	Site: N13	▷ clk
net (fo=0)	0.000	0.000		↗ uut_clk_wiz_0/inst/clk_in1
IBUF (Prop_ibuf_I_O)	(r) 0.419	0.419	Site: N13	◁ uut_clk_wiz_0/inst/clkin1_ibufg/O
net (fo=1, routed)	0.481	0.900		↗ uut_clk_wiz_0/inst/clk_in1_clk_wiz_0
PLLE2_ADV (Prop_pll...dv_CLKIN1_CLKOUT0)	(r) -2.641	-1.741	Site: PLL..._ADV_X0Y0	◁ uut_clk_wiz_0/inst/plle2_adv_inst/CLKOUT0
net (fo=1, routed)	0.550	-1.191		↗ uut_clk_wiz_0/inst/clk_out1_clk_wiz_0
BUFG (Prop_bufg_I_O)	(r) 0.029	-1.162	Site: BUFGCTRL_X0Y0	◁ uut_clk_wiz_0/inst/clkout1_buf/O
net (fo=45, routed)	1.259	0.097		↗ spi_clk_OBUF
OBUF (Prop_obuf_I_O)	(r) 1.368	1.465	Site: T7	◁ spi_clk_OBUF_inst/O
net (fo=0)	0.000	1.465		↗ spi_clk
			Site: T7	◁ spi_clk
clock pessimism	-0.197	1.268		
output delay	5.500	6.768		
Required Time		6.768		

图 5.59　保持时间时序报告 2

第 6 章

时序例外约束

6.1 为何要做时序例外约束

虽然设计者可以使用前面章节介绍的基本约束命令(如主时钟约束、衍生时钟约束、I/O 接口约束等)对设计进行时序约束,但是时序分析工具默认的时序检查方式可能与工程实现的实际情况并不吻合(通常是约束过紧,可能导致时序失败)。此时,设计者需要额外增加一些约束命令,用于调整既有的时序检查方式,以保证时序工具的时序检查与实际情况一致。设计者所增加的这些额外的时序约束,称为时序例外约束。

在时序分析工具默认的时序分析路径不符合实际情况时,时序例外约束就是一种很好的纠正手段。例如,数据路径的建立时间分析默认都是以一个时钟周期为单位进行的,若实际情况是多个时钟周期才完成一个数据路径的传输,那么就可以使用时序例外约束修改默认的数据路径分析,以放宽时序约束,把有限的布局布线资源让给更需要的关键路径,优化系统时序。此外,下面这些情况也是很典型的可以通过时序例外约束改善系统时序的例子。

- 异步跨时钟域的路径往往是以时钟与其相位关系中周期最短,即最坏情况进行时序路径分析,这往往导致时序过约束,甚至难以收敛。通常会根据实际情况忽略这些时序路径(可以使用时钟分组约束或虚假路径约束)或施加多周期约束。
- 某些逻辑的时序单元并非每个时钟周期都进行数据采样传输,此时可以使用多周期约束,适当放宽这些路径的约束。
- 有时设计中希望对时序路径施加更紧的约束,以获取更大的时序余量,此时可以使用最大/最小延时约束。
- 某些组合路径是静态的(赋值不变)或并不需要进行时序约束,此时可以使用虚假路径约束忽略这些路径。

至于为何要做时序例外约束,这个问题其实在 1.2 节中已经回答了。使用 XDC 的约束中,所有的时钟都会被默认为是相关的,也就是说,网表中所有存在的时序路径都会被 Vivado 分析。这也意味着 FPGA 设计人员必须通过约束告诉工具,哪些路径是无须分析的,哪些时钟域之间是异步的。FPGA 内部的布局布线资源都是相对有限的,略微复杂一些的设计,若设计者的目标时钟频率也定得较高,那么 FPGA 内部的资源可能就处于捉襟见肘的状态。**在这种情况下,若设计者能够对一些确实可以放宽时序要求的路径添加时序例外约束,以减少它们对布局布线资源的占用,从而尽可能多地释放出宝贵的资源给那些时序要求确实很高的关键路径,合理分配资源,就能够更好地确保整个系统的时序收敛。因此,对于一些复杂和高性能的应用,FPGA 的时序例外约束是至关重要的。**

6.2 时序例外约束分类

如表 6.1 所示,时序例外约束主要包括多周期约束、虚假路径约束和最大/最小延时约束等。多周期约束和虚假路径约束是最常用的时序例外约束,可以根据实际情况适当放宽某些路径的时序约束,提升系统整体时序性能。设计者需要熟悉多周期约束和虚假路径约束的基本理论,熟练应用于具体的设计工程中。

表 6.1 时序例外约束列表

命 令	功 能 描 述
set_multicycle_path	多周期约束。指定从起始时钟沿到目标时钟沿所需的时钟周期数。常用于放宽某些时序路径的时序要求,以指导设计工具实现更合理的布局布线资源的分配
set_false_path	虚假路径约束。指定在设计中不做分析的时序路径,即在布局布线中可以作为最低优先级的路径
set_max_delay set_min_delay	最大延时约束和最小延时约束。该约束将会覆盖设计默认的(设计者已经约束的或系统默认的)用于建立和保持时间分析的最大或最小路径延时时间。可以说,这是一种比较直接的用延时时间对特定时序路径添加的约束

6.3 时序约束的推荐顺序

时钟约束、I/O 约束以及时序例外约束,是时序约束的最基本、最重要的约束方法。对于这三大类约束以及它们所涵盖的具体的约束语法,在进行时序约束时,通常也需要遵循一定的顺序进行约束输入,以满足时序约束语法的基本要求。

某些设计约束之间具有一定的引用关联性。例如,一些时钟可能被后续的约束(如 I/O 约束或例外约束)引用,那么这个时钟的约束就一定要在引用它的约束之前被编译。若设计约束的顺序不合理,如 I/O 约束引用了某个时钟,而这个时钟约束出现在了 I/O 约束之后,则可能导致编译报错。一般而言,时钟约束、I/O 约束通常要先于时序例外约束,因为时序例外约束通常是时钟约束、I/O 约束的补充,或说是它们的"例外"。

按照推荐的约束顺序,从上到下罗列了具体的约束语法。

(1) 时序约束。

• 主时钟约束。

• 虚拟时钟约束。

- 衍生时钟约束。
- I/O 约束。

（2）时序例外约束。

- 虚假路径约束。
- 最大/最小延时约束。
- 多周期约束。

在罗列的这个推荐顺序中,并非每个都有严格的先后要求。例如,虚拟时钟约束和衍生时钟约束,从语法上说,它们之间若没有引用关系,就没有先后顺序要求。当然,按照这个推荐顺序进行约束,是一个比较好的约束习惯,能够避免约束中出现意外的语法问题。

第7章

多周期约束

7.1　多周期约束语法

多周期约束用于调整建立时间和保持时间检查的起始时钟沿到目标时钟沿所需的时钟周期数。因为默认情况下,Vivado 时序工具都是以单周期为单位进行时序路径分析。但在实际设计中,单周期路径对于某些逻辑可能并不准确,导致对它们的时序要求过高(即过约束)。

最常见的实例是某个数据到达目的寄存器的时钟周期数大于一个时钟周期,且该数据路径的控制电路也支持这种情况。那么就推荐使用多周期约束以放宽对该路径的建立时间要求,而保持时间仍然维持原有的分析路径。这样做的目的,是为了放宽某些时序约束要求,把有限的布局布线资源让给更需要的关键路径,优化系统时序。

多周期约束使用 set_multicycle_path 命令实现。set_multicycle_path 用于更改时序分析(建立时间和保持时间)中的源时钟沿或目标时钟沿的相对位置关系,其基本的语法结构如下。

```
set_multicycle_path < path_multiplier > [ - setup | - hold] [ - start | - end] [ - from
< startpoints >] [ - to < endpoints >] [ - through < pins|cells|nets >]
```

- < path_multiplier > 参数是必须指定的,它就是多周期约束的最重要的"多"的体现,即用于设置修改约束路径分析的时钟周期数,该参数的取值必须是大于 0 的整数。
- -setup 和-hold 选项用于指定约束命令所针对的是路径的建立时间分析(-setup)还是保持时间分析(-hold)。
- -start 和-end 选项用于指定约束命令的 < path_multiplier > 参数是以源时钟(-start)还是以目标时钟(-end)作为参考时钟。
- -from 指定约束路径的起始节点 < startpoints >。
- -to 指定约束路径的终止节点 < endpoints >。
- -through 指定约束路径所经过的节点 < pins|cells|nets >。

-through 是可选项,-from 和-to 可以同时指定,也可以只指定其中一个,比如约束语法中只有-from,就意味着约束将会覆盖所有从起始节点 < startpoints > 开始的路径。

默认情况下, setup/recovery 分析时的默认的 < path_multiplier > 参数为 1, hold/removal 分析时的默认的 < path_multiplier > 参数为 0。若使用 set_multicycle_path 进行多周期约束, 就是要改变时序工具默认的 1 和 0 的 < path_multiplier > 参数。

保持(hold)时间关系与建立(setup)时间关系是紧密相关的, 大多数情况可以通过如下公式进行换算。

保持时间的时钟周期数＝建立时间的< path_multiplier >参数－1－保持时间的< path_multiplier >参数

由于建立时间的默认的< path_multiplier >参数为 1, 保持时间的默认的< path_multiplier >参数为 0。因此, 默认的保持时间的时钟周期数就是 1－1－0＝0。默认情况下, 时序工具对建立时间和保持时间进行时序分析的时钟发射沿(Launch Edge)和时钟锁存沿(Capture Edge)关系如图 7.1 所示。

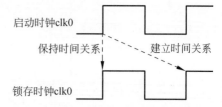

图 7.1　默认的时钟发射沿和时钟锁存沿关系

set_multicycle_path 命令中的-start 和-end 选项对有效的时钟发射沿和时钟锁存沿的影响如表 7.1 所示。

表 7.1　-start 和-end 选项的功能列表

分 析 路 径	源时钟(使用-start 选项) 时钟发射沿移动方向	目标时钟(使用-end 选项) 时钟锁存沿移动方向
建立时间	←向左移动	→向右移动(默认)
保持时间	→向右移动(默认)	←向左移动

对于源时钟和目标时钟同频同相的时序路径分析, 是否使用-start 或-end 选项其实是没有差异的, 通常可以在语法中不做这两个选项的指定。但对于非同频同相的源时钟和目标时钟路径, 则通常需要在约束时指定-start 或-end 选项。

set_multicycle_path 命令中使用-setup 选项时, 不仅会改变建立时间关系, 同时也会改变保持时间关系。如果希望在更改建立时间关系时, 仍然维持原有的保持时间关系, 则需要使用-hold 选项进行额外的设置。

7.2　多周期约束实例

实例 7.1: 同频同相时钟的多周期约束

同一时钟域(同频同相)或两个相对波形一致的不同时钟的多周期约束的方式基本是一致的。如图 7.2 所示, 多周期约束主要针对的是两个寄存器之间的时序路径。当然了, 这里的模型是单一数据路径, 若多周期约束的对象是两个时钟, 那么这两个时钟之间所有的数据路径都会被覆盖到。

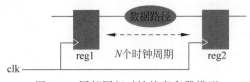

图 7.2 同频同相时钟的寄存器模型

同频同相时钟的默认的建立时间和保持时间关系如图 7.3 所示。

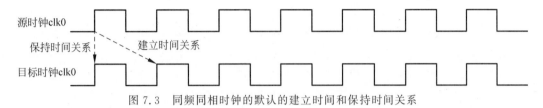

图 7.3 同频同相时钟的默认的建立时间和保持时间关系

1) 约束 1：Setup＝2/Hold 相应移动

对于源寄存器和目的寄存器都是每 2 个时钟周期使能一次的时序路径(假设该路径为 data0_reg/C 到 data1_reg/D)，就很适合使用多周期约束，将建立时间关系的时钟锁存沿从默认的时钟发射沿后的第 1 个时钟沿，修改为时钟发射沿后的第 2 个时钟沿。

可以使用如下多周期约束命令进行调整。

```
set_multicycle_path 2 - setup - from [get_pins data0_reg/C] - to [get_pins data1_reg/D]
```

若只使用一条带-setup 选项的多周期约束，那么相应的保持时间分析的时钟锁存沿也会变化。如图 7.4 所示，多周期约束后，数据的建立时间和保持时间关系发生了变化。建立时间的时钟锁存沿右移了 1 个时钟周期，保持时间的时钟锁存沿也会相应右移 1 个时钟沿(即从与时钟发射沿对齐的时钟沿调整为时钟发射沿后的下一个时钟沿)。

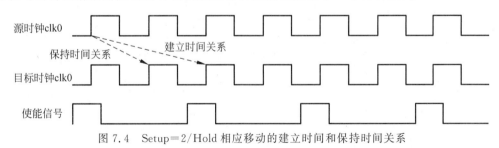

图 7.4 Setup＝2/Hold 相应移动的建立时间和保持时间关系

2) 约束 2：Setup＝2/Hold＝1

约束 1 中多周期约束后的保持时间的时钟启动沿和时钟锁存沿调整为了 1 个时钟周期差的关系，而实际上保持时间检查通常维持多周期约束前的默认状态就可以满足要求了。为了达到 1 个时钟周期差的保持时间要求(过约束)，FPGA 器件可能需要消耗额外的逻辑资源和功耗，甚至导致保持时间的时序难以收敛。因此，通常建议再使用一条-hold 值为 1

的多周期约束,将保持时间的锁存时钟调整回默认状态。约束命令如下。

```
set_multicycle_path 1 - hold - from [get_pins data0_reg/C] - to [get_pins data1_reg/D]
```

也就是说,此时同时使用了下述两条多周期约束命令。

```
set_multicycle_path 2 - setup - from [get_pins data0_reg/C] - to [get_pins data1_reg/D]
set_multicycle_path 1 - hold - from [get_pins data0_reg/C] - to [get_pins data1_reg/D]
```

如图 7.5 所示,当前的建立时间关系和保持时间关系就是预期的符合实际状况且最为宽松的情况。

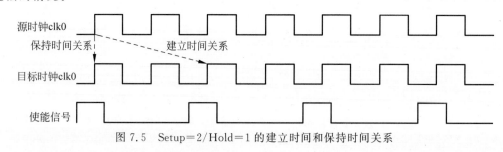

图 7.5　Setup＝2/Hold＝1 的建立时间和保持时间关系

3) 约束 3:Setup＝5/Hold 相应移动

与约束 1 类似,若是时钟使能信号是每 5 个时钟周期拉高一次,则使用一条-setup 值为 5 的多周期约束。

```
set_multicycle_path 5 - setup - from [get_pins data0_reg/C] - to [get_pins data1_reg/D]
```

如图 7.6 所示,多周期约束后,建立时间的时钟锁存沿从时钟启动沿后第 1 个时钟周期调整为了时钟启动沿后的第 5 个时钟周期;保持时间的时钟锁存沿也向右移动了 4 个时钟周期,即从与时钟启动沿对齐的位置调整到了时钟启动沿后第 4 个时钟周期。很显然,这样的保持时间要求很难达到时钟收敛,通常也是处于过约束状态。

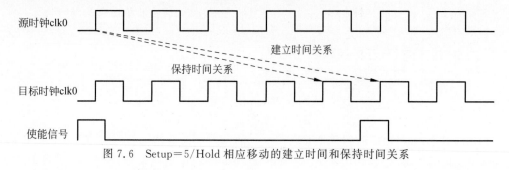

图 7.6　Setup＝5/Hold 相应移动的建立时间和保持时间关系

4) 约束 4:Setup＝5/Hold＝4

在约束 3 的基础上,为了调整保持时间的时钟锁存沿回到默认的与时钟启动沿对齐的位置,可以同时使用如下 2 条多周期约束命令。

```
set_multicycle_path 5 - setup - from [get_pins data0_reg/C] - to [get_pins data1_reg/D]
set_multicycle_path 4 - hold - from [get_pins data0_reg/C] - to [get_pins data1_reg/D]
```

以上语句中将-hold 值设定为 4,默认参考源时钟(即不指定-end 或-start 时,默认为-start),将其时钟启动沿向右移动了 4 个时钟周期。由于锁存时钟沿保持不变,那么就如图 7.7 所示,保持时间的启动时钟沿和锁存时钟沿又保持对齐了。

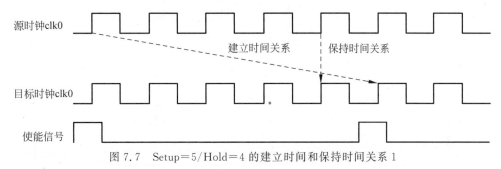

图 7.7　Setup=5/Hold=4 的建立时间和保持时间关系 1

由于时钟波形的对称性,这 2 条多周期约束最终所实现的保持时间关系也等效于如图 7.8 所示的波形。这也正是我们所预期的实际状态。

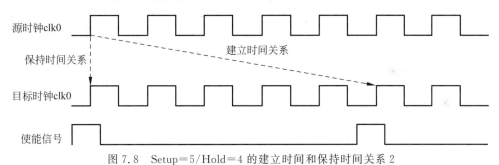

图 7.8　Setup=5/Hold=4 的建立时间和保持时间关系 2

综上所述,对于启动时钟和锁存时钟为相同时钟或时钟波形相对固定的情况,设计者若期望多周期约束后保持时间关系仍然维持默认状态,则带-setup 的多周期约束值设定为 N 时,带-hold 的多周期约束值一般就设定为 $N-1$。约束命令如下。

```
set_multicycle_path N - setup - from [get_pins data0_reg/C] - to [get_pins data1_reg/D]
set_multicycle_path N - 1 - hold - from [get_pins data0_reg/C] - to [get_pins data1_reg/D]
```

实例 7.2:同频异相时钟的多周期约束

所谓"同频异相时钟",是指时序分析中的源时钟和目标时钟的频率相同,但是存在一定的相位差,也即"同频不同相"。对于这种情况,首先需要深入理解时序工具对它们建立时间和保持时间的默认的分析方式,然后使用多周期约束进行适当调整,以避免在这样的两个时钟域之间出现过约束的情况。

同频异相时钟的寄存器模型如图 7.9 所示,假设时钟 clk1 和 clk2 具有相同的时钟频率,clk2 相对 clk1 有一定的相移。在以 clk1 为源时钟,clk2 为目标时钟的时序路径分析中,默认情况下,时序工具会寻找与 clk1 相邻的最近的 clk2 时钟上升沿,并以 clk1 与 clk2 相对时间最短(时序要求最高,即最坏情况)的一组时钟沿的时序路径进行分析。

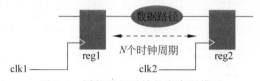

图 7.9　同频异相时钟的寄存器模型

如图 7.10 所示,默认情况下时序工具对建立时间和保持时间的路径分析和实际的情况可能并不相符,这样的时序关系对于建立时间来说很可能是过约束的。

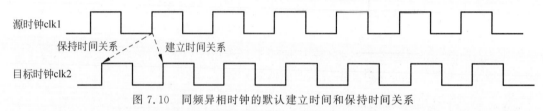

图 7.10　同频异相时钟的默认建立时间和保持时间关系

clk2 相对 clk1 具有一定的相移,如果这个相移值很小,时序工具默认的建立时间检查根本无法达到时序收敛,反而保持时间检查可能会显得过于宽松。为了与设计预期的实际情况相符,建立时间关系和保持时间关系可以通过如下的多周期约束命令进行调整。

```
set_multicycle_path 2 – setup – from [get_clocks CLK1] – to [get_clocks CLK2]
```

设置-setup 的多周期约束值为 2,同时调整建立时间和保持时间的时钟发射沿向左移动 1 个时钟周期,等效于时钟采样沿向右移动 1 个时钟周期。如图 7.11 所示,此时的建立时间和保持时间检查才是预期的实际情况。

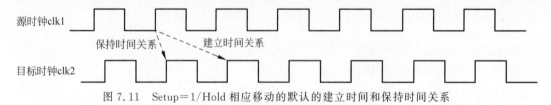

图 7.11　Setup＝1/Hold 相应移动的默认的建立时间和保持时间关系

实例 7.3：慢时钟域到快时钟域的多周期约束

慢时钟域到快时钟域的寄存器模型如图 7.12 所示,源时钟 clk1 是慢时钟,目标时钟

clk2 是快时钟。

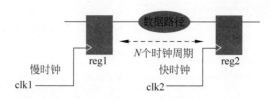

图 7.12 慢时钟域到快时钟域的寄存器模型

如图 7.13 所示,现在假设目标时钟 clk2 是源时钟 clk1 的 3 倍频,且目的寄存器对应的使能信号每隔 3 个时钟周期拉高一次。

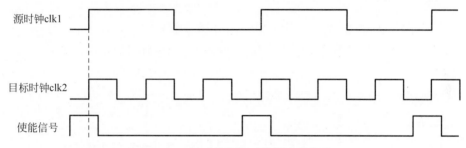

图 7.13 慢时钟和快时钟的波形关系

在没有任何多周期约束的情况下,默认的建立时间和保持时间关系如图 7.14 所示。与目标时钟同步的使能信号每隔 3 个时钟周期才拉高 1 次,因此默认的时序检查明显过紧了,应该使用多周期约束以获取更宽松合理的时序检查。

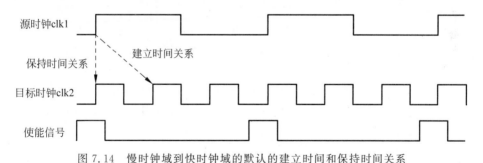

图 7.14 慢时钟域到快时钟域的默认的建立时间和保持时间关系

1) 约束 1:Setup=3/Hold 相应移动

首先,可以设定-setup 值为 3 的多周期约束如下。注意由于这里的时钟周期移动是相对于目标时钟(快时钟)的,所以约束时必须指定-end。

```
set_multicycle_path 3 - setup - end - from [get_clocks CLK1] - to [get_clocks CLK2]
```

如图 7.15 所示,多周期约束后的建立时间关系的时钟锁存沿右移了 2 个时钟周期,保持时间关系的时钟锁存沿也右移了 2 个时钟周期。

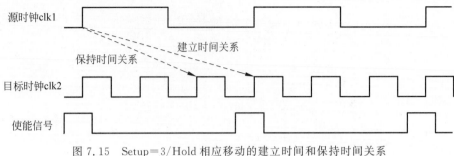

图 7.15　Setup＝3/Hold 相应移动的建立时间和保持时间关系

2）约束 2：Setup＝3/Hold＝2

实际上，约束 1 中保持时间的时钟锁存沿并不需要右移 2 个时钟周期，这可能会导致过约束。因此，需要对此做出调整，让保持时间的时钟锁存沿退回到默认的与时钟启动沿对齐的位置。

在约束 1 的-setup 多周期约束的基础上，需要增加-hold 参数为 2 的多周期约束。

```
set_multicycle_path 3 – setup – end – from [get_clocks CLK1] – to [get_clocks CLK2]
set_multicycle_path 2 – hold – end – from [get_clocks CLK1] – to [get_clocks CLK2]
```

此时，如图 7.16 所示，保持时间关系对应的时钟锁存沿回退到了默认的与时钟启动沿对齐的位置。

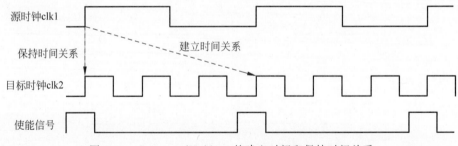

图 7.16　Setup＝3/Hold＝2 的建立时间和保持时间关系

与单一时钟的多周期约束类似，在慢时钟域到快时钟域且包含时钟使能的多周期约束中，设计者若期望多周期约束后保持时间仍然维持默认状态，则带-setup 的多周期约束值设定为 N 时，带-hold 的多周期约束值一般就设定为 $N-1$。约束命令如下。

```
set_multicycle_path N – setup – end – from [get_clocks CLK1] – to [get_clocks CLK2]
set_multicycle_path N – 1 – hold – end – from [get_clocks CLK1] – to [get_clocks CLK2]
```

实例7.4：快时钟域到慢时钟域的多周期约束

快时钟域到慢时钟域的寄存器模型如图7.17所示，源时钟clk1是快时钟，目标时钟clk2是慢时钟。

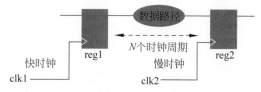

图7.17　快时钟域到慢时钟域的寄存器模型

如图7.18所示，假设源时钟clk1是目标时钟clk2的3倍频，且源寄存器的使能信号每隔3个时钟周期拉高一次。

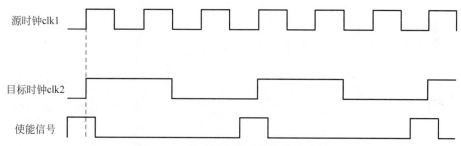

图7.18　慢时钟和快时钟的波形关系

在没有任何多周期约束的情况下，默认的建立时间和保持时间关系如图7.19所示。时序工具默认总是寻找最苛刻的时序分析路径，但这种最苛刻的路径并非实际的状况，此时就可以使用多周期约束以获取更宽松合理的时序关系。

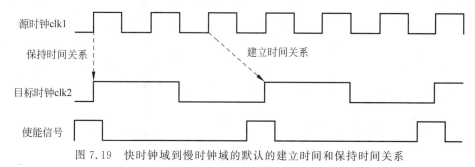

图7.19　快时钟域到慢时钟域的默认的建立时间和保持时间关系

对于该实例，可以进行如下的多周期约束。由于时钟周期移动所针对的是源时钟，建议使用-start选项（默认选项）。

```
set_multicycle_path 3 - setup - start - from [get_clocks CLK1] - to [get_clocks CLK2]
set_multicycle_path 2 - hold - start - from [get_clocks CLK1] - to [get_clocks CLK2]
```

-setup -start 选项的多周期约束将建立时间检查的时钟启动沿向左移了 2 个时钟周期。但与此同时,保持时间检查的时钟启动沿也会向左移 2 个时钟周期。但我们期望它保持默认状态不变,因此使用-hold -start 值为 2 的多周期约束将其右移 2 个时钟周期,回到默认状态。此时,多周期约束后的建立时间关系和保持时间关系如图 7.20 所示。

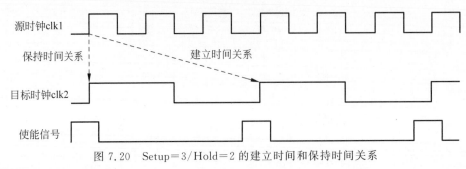

图 7.20 Setup=3/Hold=2 的建立时间和保持时间关系

在快时钟域到慢时钟域的多周期约束中,若期望保持时间维持默认的状态,则带-setup 的多周期约束值设定为 N 时,带-hold 的多周期约束值一般就设定为 $N-1$。约束命令如下。

```
set_multicycle_path N - setup - start - from [get_clocks CLK1] - to [get_clocks CLK2]
set_multicycle_path N-1 - hold - from [get_clocks CLK1] - to [get_clocks CLK2]
```

另外,需要特别注意-start 和-end 选项的使用。从实例 7.3 和实例 7.4 中,大家应该注意到了,在快慢不同时钟域的多周期约束中,通常需要明确指定-start 或-end 选项。这样能够明确地告知时序工具,所约束的时钟周期移动单位是相对于源时钟还是相对于目的时钟。**而无论使用-setup -start 还是-setup -end 进行约束,都是< path_multiplier >参数值越大,建立时间关系的时钟启动沿和锁存沿的距离相隔就越远(时序要求更松);< path_multiplier >参数值越小,建立时间关系的时钟启动沿和锁存沿的距离相隔就越近(时序要求更紧)。与此类似,使用-hold -start 或-hold -end 进行约束时,< path_multiplier > 参数值越大,保持时间关系的时钟启动沿和锁存沿的距离相隔就越近(时序要求更松);< path_multiplier > 参数值越小,保持时间关系的时钟启动沿和锁存沿的距离相隔就越远(时序要求更紧)。**

7.3 多周期约束分析

实例 7.5:同频同相时钟的多周期约束

在图像显示或传输控制的代码中,常常会设计两个计数器用来构建一个二维的图像结构。如图 7.21 所示,xcnt 和 ycnt 就是这样两个分别代表图像显示的坐标计数器,xcnt 在每个时钟周期都会递增,递增范围是 0～1647 的循环;ycnt 则只在 xcnt 计数到最大值 1647 时才会递增。

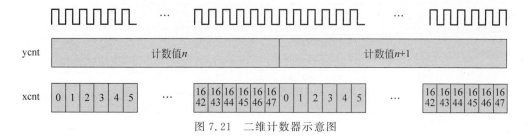

图 7.21 二维计数器示意图

在如下代码中,vga_valid 信号的产生,是当 xcnt 和 ycnt 都处于某个范围内时,就赋值为 1,否则赋值为 0。由于 xcnt 是每个时钟周期都会递增变化,所以它不能够使用多周期约束,只能老老实实地按照默认的建立时间关系和保持时间关系进行时序分析。而 ycnt 则不同,它每 1648 个时钟周期才会变化一次,用于 vga_valid 信号判断的 xcnt 值也并非 ycnt 变化的那个时钟周期(xcnt 计数值为 1647 的那个时钟周期)。对于这种情况,就可以使用多周期约束,放宽寄存器 ycnt 到寄存器 vga_valid 的路径的建立时间关系要求。由于 vga_valid 对 xcnt 的判断是(xcnt>=(80+216))&&(xcnt<(80+216+1280)),所以对 ycnt 进行多周期约束的最大值可以设置到(80+216)和 1648−1−(80+216+1280)中较小的一个值,即 71。当然,这个是非常宽松的设置,一般不需要设置得这么大就能够达到多周期约束的意图。

```verilog
parameter VGA_HTT = 12'd1648 - 12'd1;          //Hor Total Time
parameter VGA_HST = 12'd80;                    //Hor Sync Time
parameter VGA_HBP = 12'd216;                   //Hor Back Porch
parameter VGA_HVT = 12'd1280;                  //Hor Valid Time
parameter VGA_HFP = 12'd72;                    //Hor Front Porch

parameter VGA_VTT = 12'd750 - 12'd1;           //Ver Total Time
parameter VGA_VST = 12'd5;                      //Ver Sync Time
parameter VGA_VBP = 12'd22;                     //Ver Back Porch
parameter VGA_VVT = 12'd720;                    //Ver Valid Time
parameter VGA_VFP = 12'd3;                      //Ver Front Porch

always @(posedge clk) begin
    if(!rst_n) vga_valid <= 1'b0;
    else if((xcnt >= (VGA_HST + VGA_HBP))
        && (xcnt < (VGA_HST + VGA_HBP + VGA_HVT))
        && (ycnt >= (VGA_VST + VGA_VBP))
        && (ycnt < (VGA_VST + VGA_VBP + VGA_VVT)))
         vga_valid <= 1'b1;
    else vga_valid <= 1'b0;
end
```

如图 7.22 所示,这是默认情况下的建立时间关系和保持时间关系。但对于寄存器 ycnt 到寄存器 vga_valid 的时序路径,这样的关系明显过约束了。

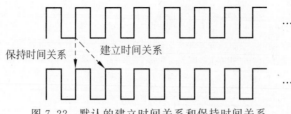

图 7.22　默认的建立时间关系和保持时间关系

如图 7.23 所示,可以将建立时间关系后移 3 个时钟周期,这样对于建立时间关系,就宽松多了。

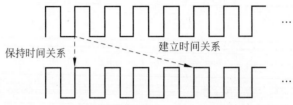

图 7.23　多周期约束后的建立时间关系和保持时间关系

打开 Vivado 软件,进入 Timing Constraints 界面。如图 7.24 所示,选中 Exceptions (例外)约束分类中的 Set Multicycle Path,单击右侧界面的"＋"号添加新的约束。

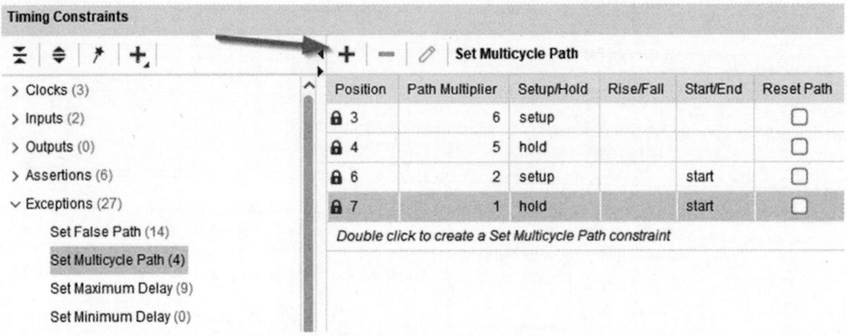

图 7.24　添加新的多周期约束

如图 7.25 和图 7.26 所示,对 ycnt 到 vga_valid 的路径添加建立时间的 multiplier＝4 的多周期约束。

相应地,由于保持时间关系维持默认状态不变,所以如图 7.27 和图 7.28 所示,对 ycnt 到 vga_valid 的路径添加保持时间的 multiplier＝3 的多周期约束。

以上约束的相应脚本如下。

```
set_multicycle_path - setup - from [get_pins - hierarchical " * ycnt * "] - to [get_pins -
hierarchical " * vga_valid * "] 4

set_multicycle_path - hold - from [get_pins - hierarchical " * ycnt * "] - to [get_pins -
hierarchical " * vga_valid * "] 3
```

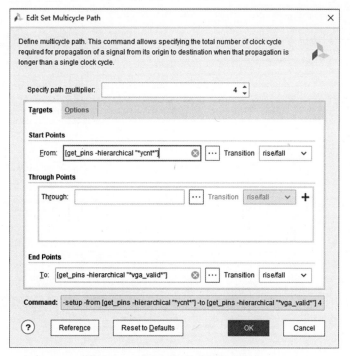

图 7.25 建立时间的多周期约束 1

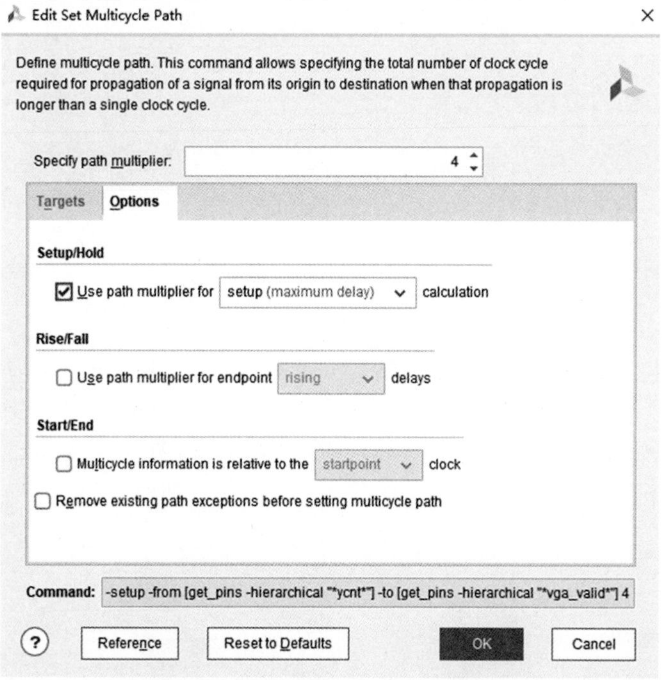

图 7.26 建立时间的多周期约束 2

图 7.27 保持时间的多周期约束 1

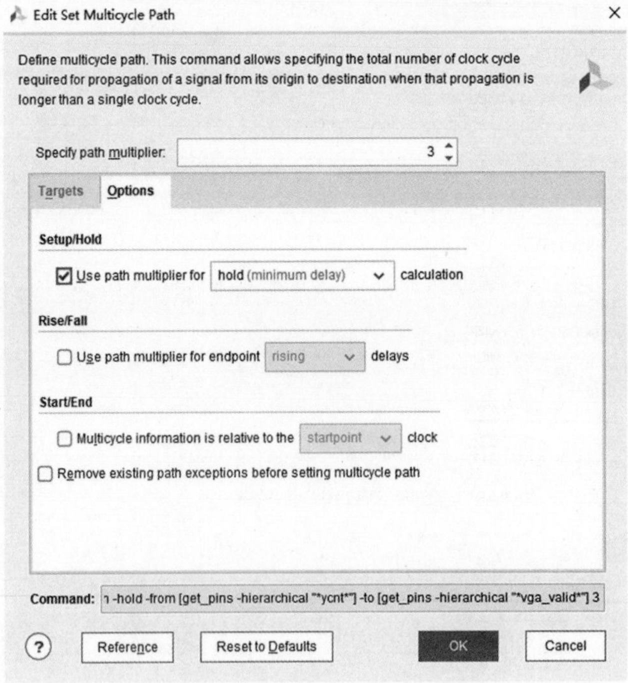

图 7.28 保持时间的多周期约束 2

如图 7.29 所示,这是默认的未做多周期约束时的一条建立时间时序报告。在此报告中,可以看到 Requirement 是 13.846ns,即 1 个时钟周期。

Summary	
Name	Path 2
Slack	10.584ns
Source	u5_lcd_driver/ycnt_reg[2]/C (rising edge-triggered cell FDCE clocked by clk_out5_clk_wiz_0 (rise@0.000ns fall@6.923ns period=13.846ns))
Destination	u5_lcd_driver/vga_valid_reg/D (rising edge-triggered cell FDCE clocked by clk_out5_clk_wiz_0 (rise@0.000ns fall@6.923ns period=13.846ns))
Path Group	clk_out5_clk_wiz_0
Path Type	Setup (Max at Slow Process Corner)
Requirement	13.846ns (clk_out5_clk_wiz_0 rise@13.846ns - clk_out5_clk_wiz_0 rise@0.000ns)
Data Path Delay	3.198ns (logic 1.080ns (33.770%) route 2.118ns (66.230%))
Logic Levels	3 (LUT4=1 LUT6=2)
Clock Path Skew	-0.023ns
Clock Uncertainty	0.118ns

图 7.29 默认的建立时间的时序报告

如图 7.30 所示,这是默认的未做多周期约束时的一条保持时间时序报告。在此报告中,可以看到 Requirement 是 0.000ns。

Summary	
Name	Path 1
Slack (Hold)	0.320ns
Source	u5_lcd_driver/ycnt_reg[9]/C (rising edge-triggered cell FDCE clocked by clk_out5_clk_wiz_0 (rise@0.000ns fall@6.923ns period=13.846ns))
Destination	u5_lcd_driver/vga_valid_reg/D (rising edge-triggered cell FDCE clocked by clk_out5_clk_wiz_0 (rise@0.000ns fall@6.923ns period=13.846ns))
Path Group	clk_out5_clk_wiz_0
Path Type	Hold (Min at Fast Process Corner)
Requirement	0.000ns (clk_out5_clk_wiz_0 rise@0.000ns - clk_out5_clk_wiz_0 rise@0.000ns)
Data Path Delay	0.456ns (logic 0.231ns (50.696%) route 0.225ns (49.304%))
Logic Levels	2 (LUT6=2)
Clock Path Skew	0.016ns

图 7.30 默认的保持时间的时序报告

如图 7.31 所示,这是做了 Multiplier=4 的多周期约束后的一条建立时间时序报告。在此报告中,可以看到 Requirement 是 55.385ns(13.846ns×4),即 4 个时钟周期。

Summary	
Name	Path 85
Slack	51.917ns
Source	u5_lcd_driver/ycnt_reg[2]/C (rising edge-triggered cell FDCE clocked by clk_out5_clk_wiz_0 (rise@0.000ns fall@6.923ns period=13.846ns))
Destination	u5_lcd_driver/vga_valid_reg/D (rising edge-triggered cell FDCE clocked by clk_out5_clk_wiz_0 (rise@0.000ns fall@6.923ns period=13.846ns))
Path Group	clk_out5_clk_wiz_0
Path Type	Setup (Max at Slow Process Corner)
Requirement	55.385ns (clk_out5_clk_wiz_0 rise@55.385ns - clk_out5_clk_wiz_0 rise@0.000ns)
Data Path Delay	3.355ns (logic 1.064ns (31.717%) route 2.291ns (68.283%))
Logic Levels	3 (LUT4=1 LUT6=2)
Clock Path Skew	-0.024ns
Clock Uncertainty	0.118ns
Timing Exception	MultiCycle Path Setup -end 4

图 7.31 多周期约束后的建立时间的时序报告

如图 7.32 所示,这是做了 Multiplier=3 的多周期约束后的一条保持时间时序报告。在此报告中,可以看到 Requirement 仍然是 0.000ns。

Summary	
Name	Path 5
Slack (Hold)	0.391ns
Source	u5_lcd_driver/ycnt_reg[9]/C (rising edge-triggered cell FDCE clocked by clk_out5_clk_wiz_0 {rise@0.000ns fall@6.923ns period=13.846ns})
Destination	u5_lcd_driver/vga_valid_reg/D (rising edge-triggered cell FDCE clocked by clk_out5_clk_wiz_0 {rise@0.000ns fall@6.923ns period=13.846ns})
Path Group	clk_out5_clk_wiz_0
Path Type	Hold (Min at Fast Process Corner)
Requirement	0.000ns (clk_out5_clk_wiz_0 rise@41.538ns - clk_out5_clk_wiz_0 rise@41.538ns)
Data Path Delay	0.498ns (logic 0.186ns (37.360%) route 0.312ns (62.640%))
Logic Levels	1 (LUT6=1)
Clock Path Skew	0.016ns
Timing Exception	MultiCycle Path Setup -end 4 Hold -start 3

图 7.32　多周期约束后的保持时间的时序报告

在设计代码中,可能会存在很多与此实例类似的可以进行多周期约束的路径。那么,是否需要仔细寻找每一个设计细节,对这类路径都进行多周期约束呢? 倒也没有这个必要,通常建议的做法是:在常规的设计约束(主时钟约束、衍生时钟约束、I/O 约束等)完成后,若设计的时序收敛,且余量充足,则无须花费时间和精力在多周期路径的约束上。倒是在时序失败或余量不充足的情况下,建议再去做多周期约束。在查找可以进行多周期约束的路径时,原则上也是从出现时序失败的路径本身或相关逻辑开始,必要时再按照逻辑相关性逐步扩大范围,直到增加的多周期约束能够保证整个设计的时序收敛。

实例 7.6:快时钟到慢时钟的多周期约束

如图 7.33 所示的实例中,FPGA 内部的时序产生都是基于内部快速时钟 clk,该时钟的 4 分频所产生的衍生时钟 spi_clk 和输出数据 spi_mosi 同步,与外部 SPI 接口芯片通信。在这样的例子中,就是一个很典型的快时钟到慢时钟的数据通信,按照默认的建立时间关系和保持时间关系进行时序分析,并不符合实际状况,可能导致时序约束过紧,容易失败。这里就需要使用多周期约束同时放宽建立时间关系和保持时间关系。

如图 7.34 所示,这是默认的建立时间和保持时间关系。虽然 spi_clk 时钟频率较低,是 FPGA 内部时钟 clk(100MHz)的 4 分频(25MHz),但 FPGA 时序分析时只会考虑从快时钟 clk 到慢时钟 spi_clk 的最坏情况,以此作为默认的建立时间关系和保持时间关系。

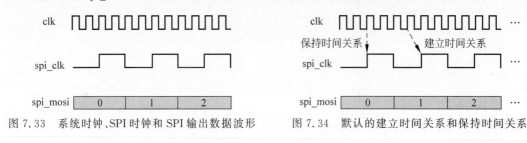

图 7.33　系统时钟、SPI 时钟和 SPI 输出数据波形　　　图 7.34　默认的建立时间关系和保持时间关系

参考 5.6 节的实例 2,可以对该 SPI 接口的时钟输出接口 spi_clk 进行衍生时钟约束,对输出接口 spi_mosi 进行输出引脚约束,约束脚本如下。

```
create_generated_clock – name SPI_CLK – source [get_pins uut_clk_wiz_0/clk_out2] – divide_by
4 [get_ports spi_clk]

set_output_delay – clock [get_clocks SPI_CLK] – max 5.5 [get_ports spi_mosi]

set_output_delay – clock [get_clocks SPI_CLK] – min – 5.5 [get_ports spi_mosi]
```

如图 7.35 和图 7.36 所示，默认的建立时间报告中显示的 Requirement 是 10ns(1 个时钟周期)，默认的保持时间的 Requirement 是 0ns。

Summary	
Name	↳ Path 37
Slack	-11.135ns
Source	▷ spi_mosi_reg/C (rising edge-triggered cell FDRE clocked by clk_out2_clk_wiz_0 {rise@0.000ns fall@5.000ns period=10.000ns})
Destination	◁ spi_mosi (output port clocked by SPI_CLK {rise@0.000ns fall@20.000ns period=40.000ns})
Path Group	SPI_CLK
Path Type	Max at Slow Process Corner
Requirement	10.000ns (SPI_CLK rise@40.000ns - clk_out2_clk_wiz_0 rise@30.000ns)
Data Path Delay	19.966ns (logic 3.131ns (15.680%) route 16.835ns (84.320%))
Logic Levels	1 (OBUF=1)
Output Delay	5.500ns
Clock Path Skew	4.425ns
Clock Uncertainty	0.094ns

图 7.35　默认的建立时间分析报告

Summary	
Name	↳ Path 38
Slack (Hold)	0.596ns
Source	▷ spi_mosi_reg/C (rising edge-triggered cell FDRE clocked by clk_out2_clk_wiz_0 {rise@0.000ns fall@5.000ns period=10.000ns})
Destination	◁ spi_mosi (output port clocked by SPI_CLK {rise@0.000ns fall@20.000ns period=40.000ns})
Path Group	SPI_CLK
Path Type	Min at Fast Process Corner
Requirement	0.000ns (SPI_CLK rise@0.000ns - clk_out2_clk_wiz_0 rise@0.000ns)
Data Path Delay	8.303ns (logic 1.332ns (16.042%) route 6.971ns (83.958%))
Logic Levels	1 (OBUF=1)
Output Delay	-5.500ns
Clock Path Skew	2.208ns

图 7.36　默认的保持时间分析报告

实际的 FPGA 设计中，输出数据 spi_mosi 只在 spi_clk 下降沿的那个 clk 时钟周期才会变化。也就是说，数据 spi_mosi 的变化与时钟 spi_clk 的前后两个邻近的上升沿各有 2 个时钟周期的间隔。如图 7.37 所示，这是实际的建立时间关系和保持时间关系。

如图 7.38 和图 7.39 所示，对 clk 到 spi_clk 时钟域的所有路径，可以做建立时间的 multiplier＝2 的多周期约束。

与此同时，如图 7.40 和图 7.41 所示，对 clk 到 spi_clk 时钟域的所有路径，可以做保持时间的 multiplier＝3 的多周期约束。

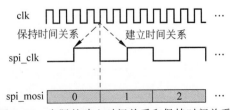

图 7.37　实际的建立时间关系和保持时间关系

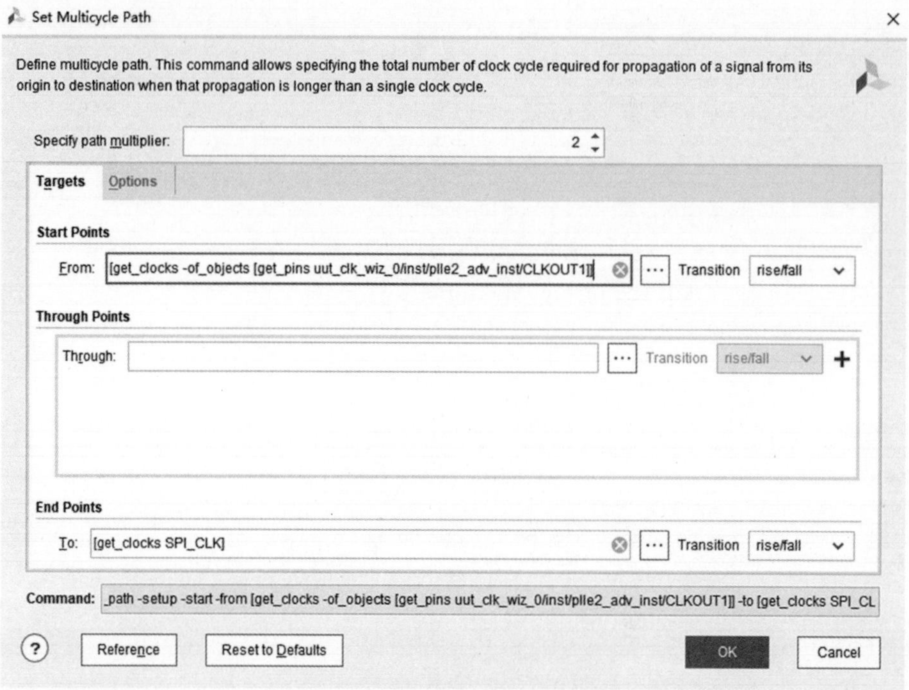

图 7.38　建立时间的多周期约束 1

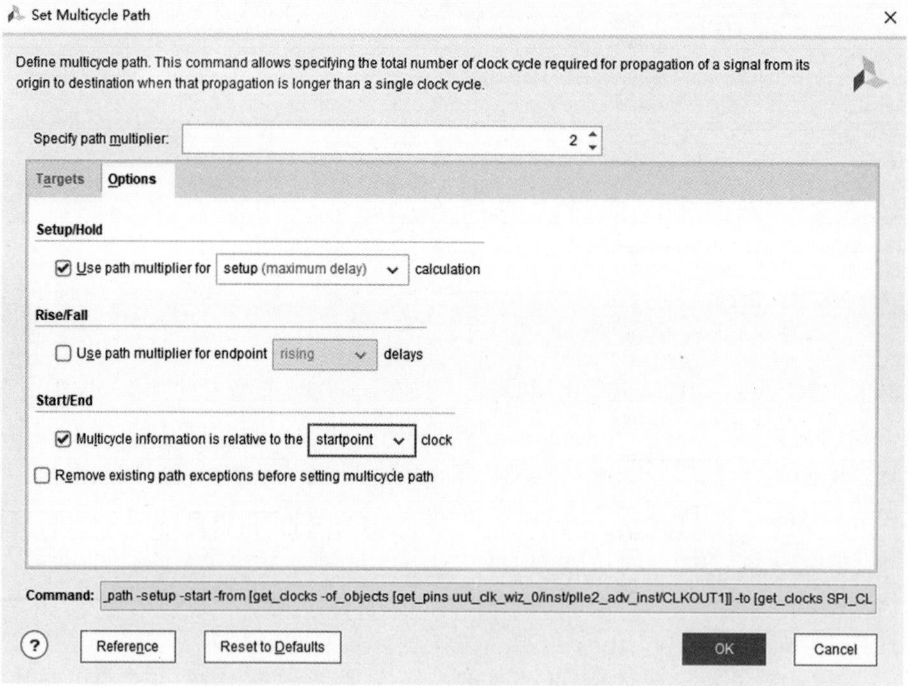

图 7.39　建立时间的多周期约束 2

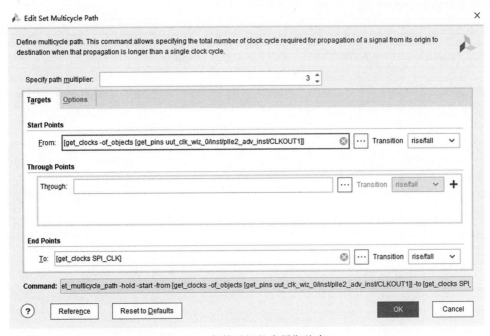

图 7.40　保持时间的多周期约束 1

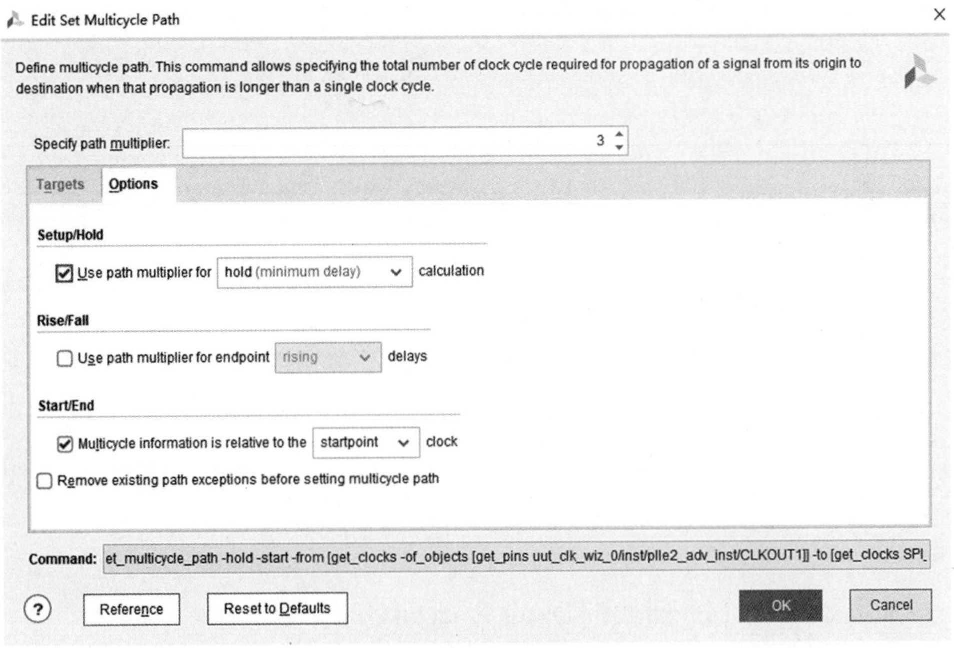

图 7.41　保持时间的多周期约束 2

相应的约束脚本如下。

```
set_multicycle_path – setup – start – from [get_clocks – of_objects [get_pins uut_clk_wiz_0/
inst/plle2_adv_inst/CLKOUT1]] – to [get_clocks SPI_CLK] 2

set_multicycle_path – hold – start – from [get_clocks – of_objects [get_pins uut_clk_wiz_0/
inst/plle2_adv_inst/CLKOUT1]] – to [get_clocks SPI_CLK] 3
```

多周期约束后的时序报告,如图 7.42 和图 7.43 所示。建立时间的 Requirement 是 20ns(2 个时钟周期),保持时间的 Requirement 是一20ns(2 个时钟周期),与实际的设计相符,且大大放宽了约束要求。

Summary	
Name	↳ Path 37
Slack	13.969ns
Source	▶ spi_mosi_reg/C (rising edge-triggered cell FDRE clocked by clk_out2_clk_wiz_0 {rise@0.000ns fall@5.000ns period=10.000ns})
Destination	◀ spi_mosi (output port clocked by SPI_CLK {rise@0.000ns fall@20.000ns period=40.000ns})
Path Group	SPI_CLK
Path Type	Max at Fast Process Corner
Requirement	20.000ns (SPI_CLK rise@40.000ns - clk_out2_clk_wiz_0 rise@20.000ns)
Data Path Delay	2.129ns (logic 1.554ns (72.975%) route 0.575ns (27.025%))
Logic Levels	1 (OBUF=1)
Output Delay	5.500ns
Clock Path Skew	1.692ns
Clock Uncertainty	0.094ns
Timing Exception	MultiCycle Path Setup -start 2

图 7.42　多周期约束后的建立时间时序报告

Summary	
Name	↳ Path 38
Slack (Hold)	13.766ns
Source	▶ spi_mosi_reg/C (rising edge-triggered cell FDRE clocked by clk_out2_clk_wiz_0 {rise@0.000ns fall@5.000ns period=10.000ns})
Destination	◀ spi_mosi (output port clocked by SPI_CLK {rise@0.000ns fall@20.000ns period=40.000ns})
Path Group	SPI_CLK
Path Type	Min at Slow Process Corner
Requirement	-20.000ns (SPI_CLK rise@0.000ns - clk_out2_clk_wiz_0 rise@20.000ns)
Data Path Delay	4.327ns (logic 2.885ns (66.667%) route 1.442ns (33.333%))
Logic Levels	1 (OBUF=1)
Output Delay	-5.500ns
Clock Path Skew	4.967ns
Clock Uncertainty	0.094ns
Timing Exception	MultiCycle Path Setup -start 2 Hold -start 3

图 7.43　多周期约束后的保持时间时序报告

实例 7.7：慢时钟到快时钟的多周期约束

该实例代码中,image_sensor_pclk 时钟域(25MHz)的信号 image_sensor_vsync,需要被 FPGA 内部时钟域 clk(75MHz)进行采样,这是一个典型的慢时钟域信号到快时钟域信号的转换。在实际的设计中，由于 image_sensor_vsync 信号只是一个图像传感器的帧同步信号，它的高低变化到有效数据同步的信号变化，间隔至少有几十个时钟周期，因此，可以使用多周期约束放宽其默认的建立时间关系。

```
reg[1:0] temp;

always @(posedge clk)
    if(!rst_n) temp <= 2'b00;
    else temp <= {temp[0],image_sensor_vsync};

assign image_sensor_vsync_r = temp[1];
```

在如图 7.44 所示的时序报告中，可以看到 image_sensor_vsync 是 image_pclk（基于 image_sensor_pclk 的主时钟约束）到 clk（clk_out5_clk_wiz_0）的跨时钟约束路径，且这条路径当前 Slack 为 3.014ns，相比其他的跨时钟域路径，这是一条时序余量较低的路径。

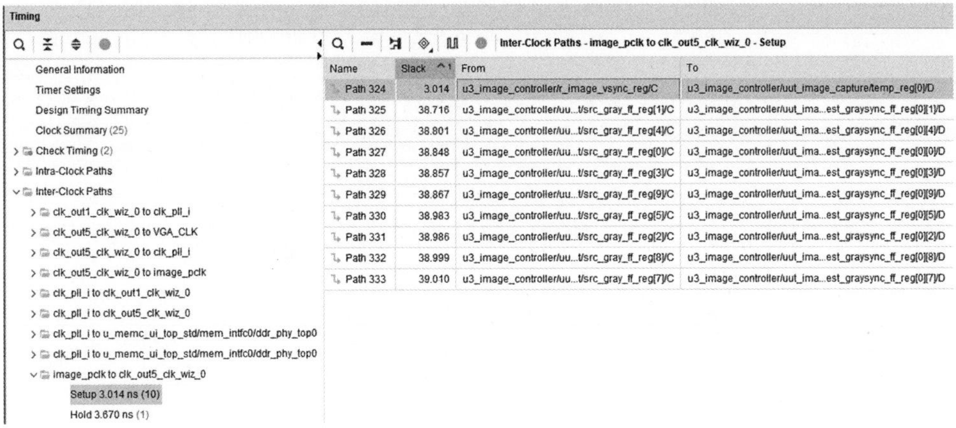

图 7.44　默认的时序报告

查看这条路径的详细报告，如图 7.45 所示，它的 Requirement 是 13.333ns（1 个时钟周期）。

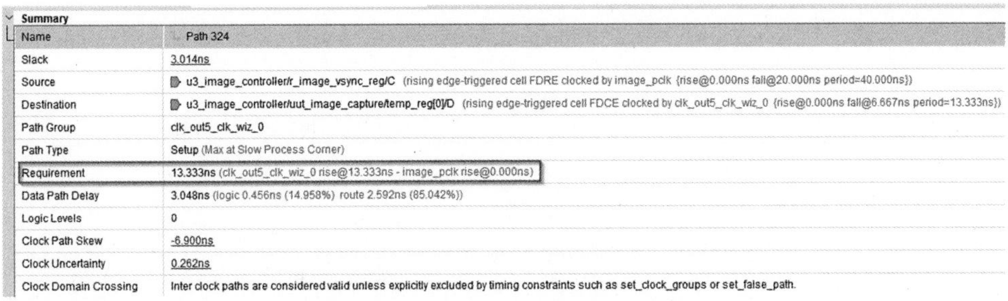

图 7.45　默认的建立时间的时序报告

默认的建立时间关系和保持时间关系如图 7.46 所示,慢时钟(25MHz)到快时钟(75MHz)的时序路径,时序分析工具会寻找最坏情况作为默认的建立时间关系和保持时间关系。

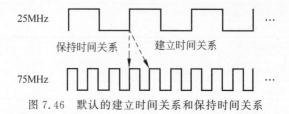

图 7.46　默认的建立时间关系和保持时间关系

如图 7.47 所示,可以将建立时间关系后移 4 个时钟周期,放宽约束。

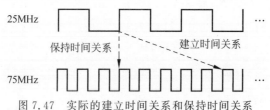

图 7.47　实际的建立时间关系和保持时间关系

如图 7.48 所示,可以在已有的时序报告列表中选择这条路径,然后右击,在弹出菜单中选择 Set Multicycle Path→Startpoint to Endpoint 选项。

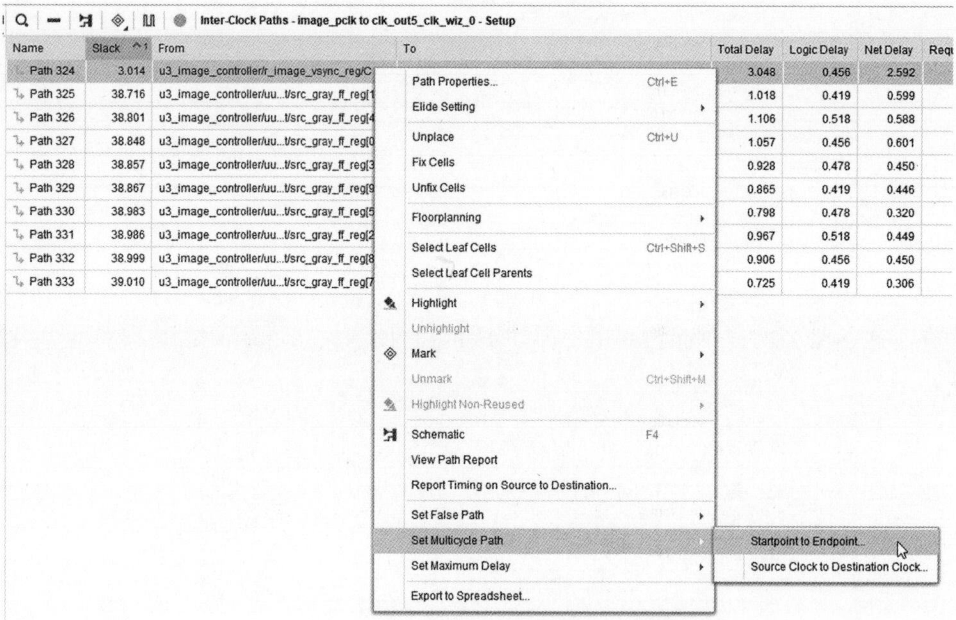

Name	Slack ^1	From	To			Total Delay	Logic Delay	Net Delay	Requ
Path 324	3.014	u3_image_controller/r_image_vsync_reg/C		Path Properties...	Ctrl+E	3.048	0.456	2.592	
Path 325	38.716	u3_image_controller/uu...t/src_gray_ff_reg[1		Elide Setting	▶	1.018	0.419	0.599	
Path 326	38.801	u3_image_controller/uu...t/src_gray_ff_reg[4				1.106	0.518	0.588	
Path 327	38.848	u3_image_controller/uu...t/src_gray_ff_reg[0		Unplace	Ctrl+U	1.057	0.456	0.601	
Path 328	38.857	u3_image_controller/uu...t/src_gray_ff_reg[3		Fix Cells		0.928	0.478	0.450	
Path 329	38.867	u3_image_controller/uu...t/src_gray_ff_reg[9		Unfix Cells		0.865	0.419	0.446	
Path 330	38.983	u3_image_controller/uu...t/src_gray_ff_reg[5		Floorplanning	▶	0.798	0.478	0.320	
Path 331	38.986	u3_image_controller/uu...t/src_gray_ff_reg[2		Select Leaf Cells	Ctrl+Shift+S	0.967	0.518	0.449	
Path 332	38.999	u3_image_controller/uu...t/src_gray_ff_reg[6		Select Leaf Cell Parents		0.906	0.456	0.450	
Path 333	39.010	u3_image_controller/uu...t/src_gray_ff_reg[7				0.725	0.419	0.306	

Inter-Clock Paths - image_pclk to clk_out5_clk_wiz_0 - Setup

Highlight ▶
Unhighlight
Mark ▶
Unmark　Ctrl+Shift+M
Highlight Non-Reused ▶
Schematic　F4
View Path Report
Report Timing on Source to Destination...
Set False Path ▶
Set Multicycle Path ▶　　Startpoint to Endpoint...
Set Maximum Delay ▶　　Source Clock to Destination Clock...
Export to Spreadsheet...

图 7.48　使用时序报告创建多周期约束

如图 7.49 和图 7.50 所示,可以设定 Specify path multiplier＝5、Start/End＝endpoint 的建立时间的多周期约束。

图 7.49 建立时间的多周期约束 1

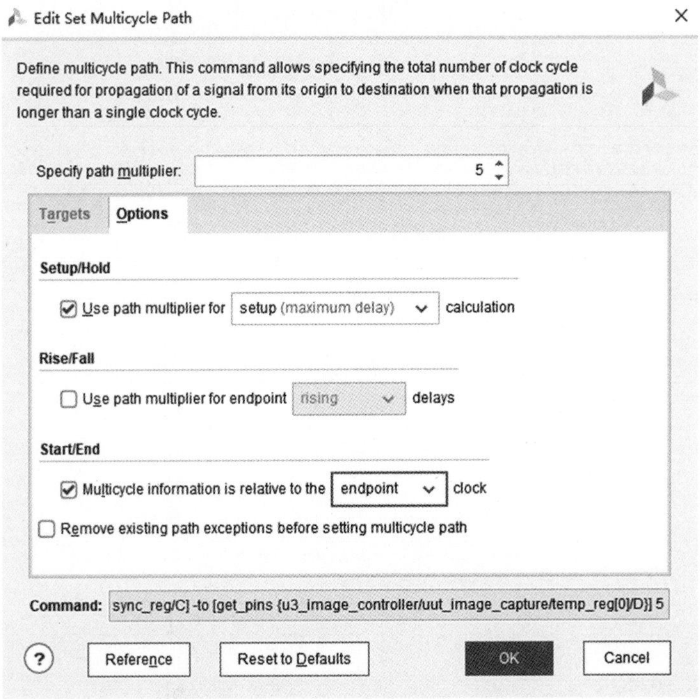

图 7.50 建立时间的多周期约束 2

如图 7.51 和图 7.52 所示,可以设定 Specify path multiplier＝4、Start/End＝endpoint 的保持时间的多周期约束。

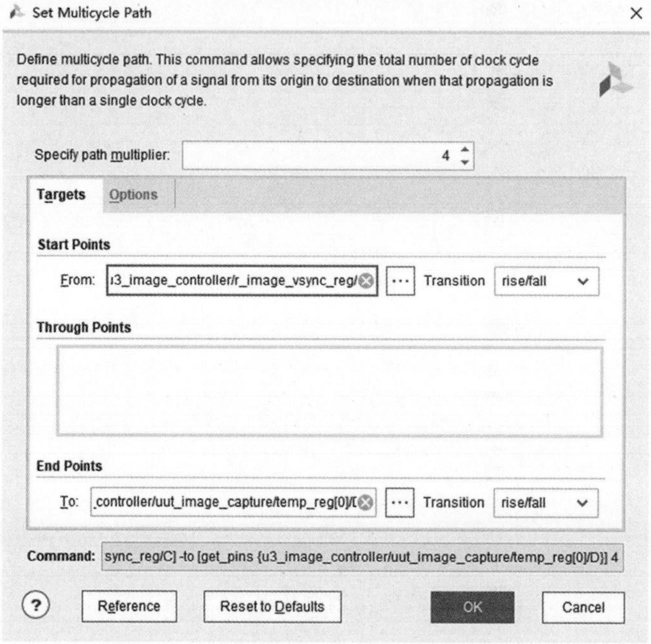

图 7.51　保持时间的多周期约束 1

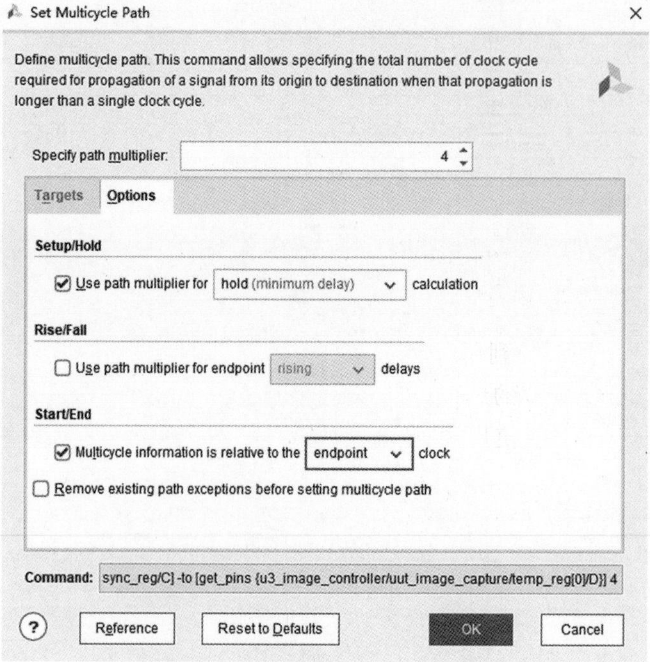

图 7.52　保持时间的多周期约束 2

相应的约束脚本如下。

```
set_multicycle_path -setup -end -from [get_pins u3_image_controller/r_image_vsync_reg/C]
-to [get_pins {u3_image_controller/uut_image_capture/temp_reg[0]/D}] 5

set_multicycle_path -hold -end -from [get_pins u3_image_controller/r_image_vsync_reg/C]
-to [get_pins {u3_image_controller/uut_image_capture/temp_reg[0]/D}] 4
```

约束完成，重新进行编译，查看时序报告如图 7.53 和图 7.54 所示，可以看到建立时间路径的 Requirement 变成了 66.667ns(5 个时钟周期)。而保持时间路径的 Requirement 仍然是 0ns。

Summary

Name	Path 3029
Slack	56.348ns
Source	u3_image_controller/r_image_vsync_reg/C (rising edge-triggered cell FDRE clocked by image_pclk {rise@0.000ns fall@20.000ns period=40.000ns})
Destination	u3_image_controller/uut_image_capture/temp_reg[0]/D (rising edge-triggered cell FDCE clocked by clk_out5_clk_wiz_0 {rise@0.000ns fall@6.667ns period=13.333ns})
Path Group	clk_out5_clk_wiz_0
Path Type	Setup (Max at Slow Process Corner)
Requirement	66.667ns (clk_out5_clk_wiz_0 rise@66.667ns - image_pclk rise@0.000ns)
Data Path Delay	3.047ns (logic 0.456ns (14.964%) route 2.591ns (85.036%))
Logic Levels	0
Clock Path Skew	-6.900ns
Clock Uncertainty	0.262ns
Timing Exception	MultiCycle Path Setup -end 5
Clock Domain Crossing	Inter clock paths are considered valid unless explicitly excluded by timing constraints such as set_clock_groups or set_false_path.

图 7.53 多周期约束后的建立时间时序报告

Summary

Name	Path 1435
Slack (Hold)	3.669ns
Source	u3_image_controller/r_image_vsync_reg/C (rising edge-triggered cell FDRE clocked by image_pclk {rise@0.000ns fall@20.000ns period=40.000ns})
Destination	u3_image_controller/uut_image_capture/temp_reg[0]/D (rising edge-triggered cell FDCE clocked by clk_out5_clk_wiz_0 {rise@0.000ns fall@6.667ns period=13.333ns})
Path Group	clk_out5_clk_wiz_0
Path Type	Hold (Min at Fast Process Corner)
Requirement	0.000ns (clk_out5_clk_wiz_0 rise@0.000ns - image_pclk rise@0.000ns)
Data Path Delay	1.292ns (logic 0.141ns (10.910%) route 1.151ns (89.090%))
Logic Levels	0
Clock Path Skew	-2.697ns
Clock Uncertainty	0.262ns
Timing Exception	MultiCycle Path Setup -end 5 Hold -end 4
Clock Domain Crossing	Inter clock paths are considered valid unless explicitly excluded by timing constraints such as set_clock_groups or set_false_path.

图 7.54 多周期约束后的保持时间时序报告

对于同频时钟或快时钟到慢时钟路径的多周期约束，即便不指定-start/-end 选项，默认为-start，通常也正好是需要的约束选项；而对于慢时钟到快时钟路径的多周期约束，通常需要指定-end 选项，而不能使用默认的-start 选项。这个选项容易被忽略，需要大家特别注意。

第 8 章

虚假路径约束

8.1　虚假路径约束语法

所谓虚假路径(False 路径),之所以称为"虚假",并非此路径不存在,而是意指该路径是设计中的非功能路径或没有任何时序要求的路径。显然,这样的路径需要通过虚假路径约束,让时序工具放弃对它们的任何时序努力和时序分析。

为何要做虚假路径约束? 因为移除了这些非功能路径的时序要求后,可以减少花在这些非功能路径上的时序努力,减少编译时间;同时腾出有限的布局布线资源,用于提升整体的时序性能。

工程中施加了虚假路径约束,设计工具在编译时将会完全移除这些路径,不做任何的时序努力和分析。可以预见,在减少了具有时序要求的时序路径后,设计编译的时间可以在一定程度上得以提升。反之,若很多虚假路径没有被移除,时序工具需要为这些虚假路径做出额外的编译努力,势必会导致编译时间的增加,甚至可能由于有限的布局布线资源无法得到最合理的分配,导致时序无法收敛。例如,某些情况下未被移除的某些虚假路径正好出现了时序违规,难以收敛,这可能会增加额外的设计资源(如逻辑复制,常见的解决时序问题的"面积换速度"方案),也可能占用了其他正常路径的布局布线资源,这些情况最终可能导致整个系统时序性能的恶化。

因此,设计中的虚假路径都应该有效识别并进行约束。常见的虚假路径包括如下几种。

- 已经做过同步处理的跨时钟域路径。
- 上电后只做一次初始化写入的寄存器路径。
- 复位或测试逻辑的路径。
- 某些实际并不存在的时序路径。

虚假路径约束和多周期约束不同。虚假路径约束后,时序工具将不再为被约束路径做任何的时序努力和分析;而多周期约束后,时序工具仍然会在放宽时序要求的前提下做时序努力和分析,故二者不能混淆。

虚假路径约束的基本语法结构如下。

```
set_false_path [-setup] [-hold] [-from <node_list>] [-to <node_list>] [-through <node_list>]
```

- -setup 和-hold 选项用于指定约束命令所针对的是路径的建立时间分析(-setup)还是保持时间分析(-hold)。
- -from 指定约束路径的起始节点 <startpoints>。
- -to 指定约束路径的终止节点 <endpoints>。
- -through 指定约束路径所经过的节点 <pins|cells|nets>。

-through 是可选项,-from 和-to 可以同时指定,也可以只指定其中一个。若只指定-from、-to 或-through 选项中的一个,则所有经过所指定节点的路径都会被认为是虚假路径。对于这种情况的约束,需要多加小心,以免误约束。

多个-through 选项可以同时使用,但是注意它们具有先后顺序,如下两条约束语句是不一样的。

```
set_false_path -through cell1/pin1 -through cell2/pin2
set_false_path -through cell2/pin2 -through cell1/pin1
```

8.2　虚假路径约束实例

实例 8.1：虚假路径约束的基本应用实例

如下虚假(False)路径约束,将覆盖到所有以 reset 信号起始的寄存器路径。

```
set_false_path -from [get_port reset] -to [all_registers]
```

如下(False)路径约束,将覆盖从 CLKA 时钟到 CLKB 时钟的所有时序路径。注意这个约束中,仅覆盖从 CLKA 时钟到 CLKB 时钟的所有时序路径,但不包括从 CLKB 时钟到 CLKA 时钟的时序路径。

```
set_false_path -from [get_clocks CLKA] -to [get_clocks CLKB]
```

若希望 False 约束既能覆盖从 CLKA 时钟到 CLKB 时钟的所有时序路径,也能覆盖从 CLKB 时钟到 CLKA 时钟的所有时序路径,那么必须两个时钟方向都做约束。

```
set_false_path -from [get_clocks CLKA] -to [get_clocks CLKB]
set_false_path -from [get_clocks CLKB] -to [get_clocks CLKA]
```

当然了,一般更推荐使用 set_clock_groups 约束对两个或多个相斥时钟做约束,以忽略它们相互之间的时序路径。

```
set_clock_groups - group CLKA - group CLKB
```

实例 8.2：时序分析报告中虚假路径约束与查看

在 7.3 节的实例 7.7 中，对 image_sensor_pclk 时钟域（25MHz）的信号 image_sensor_vsync 做了多周期约束，而 image_sensor_vsync 信号的变化沿到实际的信号采样间隔至少有几十个时钟周期，非常宽松，故也可以按照虚假路径对其进行约束。

如图 8.1 所示，找到时序报告中 image_sensor_vsync 信号的路径，选中这条路径，然后右击，在弹出菜单中选择 Set False Path→Startpoint to Endpoint 选项。

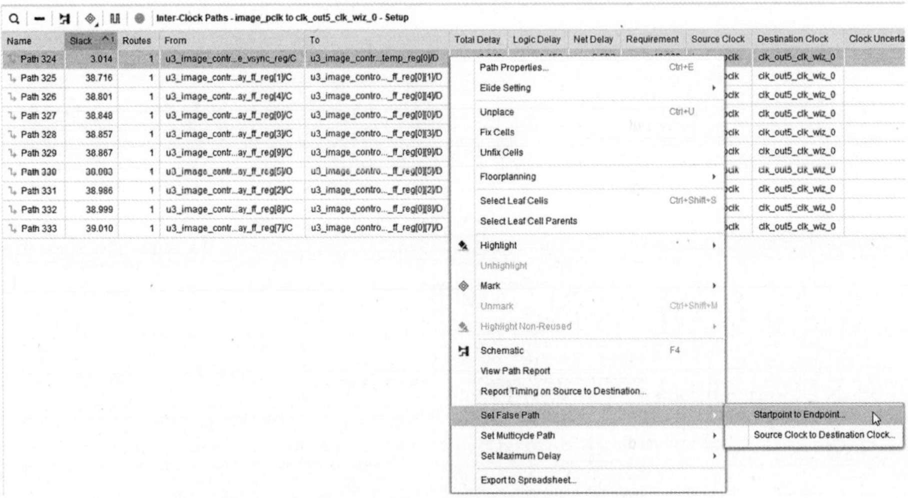

图 8.1　特定路径中直接做虚假路径约束的菜单

随后，会弹出如图 8.2 和图 8.3 所示的虚假路径约束界面，From 和 To 显示的正是选中路径的开始节点和结束节点。

按照默认的约束设置，产生脚本如下。

```
set_false_path - from [get_pins u3_image_controller/r_image_vsync_reg/C] - to [get_pins {u3_
image_controller/uut_image_capture/temp_reg[0]/D}]
```

约束后重新编译，新的时序报告如图 8.4 所示，在 image_pclk to clk_out5_clk_wiz_0 的报告中，已经看不到之前的 image_sensor_vsync 相关路径了。

如图 8.5 所示，选择菜单 Reports→Timing→Report Exceptions。

弹出的 Report Exceptions 的设置页面如图 8.6 所示，单击 OK 按钮。

此时会弹出例外约束的报告，如图 8.7 所示，展开 Exceptions→False Path，可以看到 u3_image_controller/r_image_vsync_reg/C 节点到 u3_image_controller/uut_image_capture/ temp_reg[0]/D 节点也出现在了报告中。

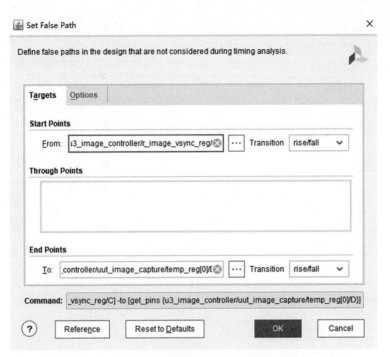

图 8.2 虚假路径约束界面 1

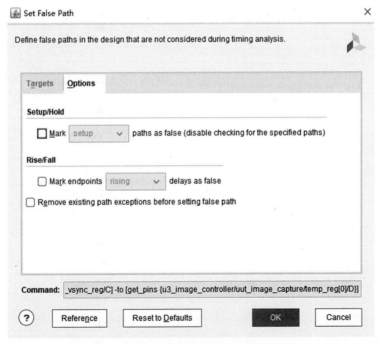

图 8.3 虚假路径约束界面 2

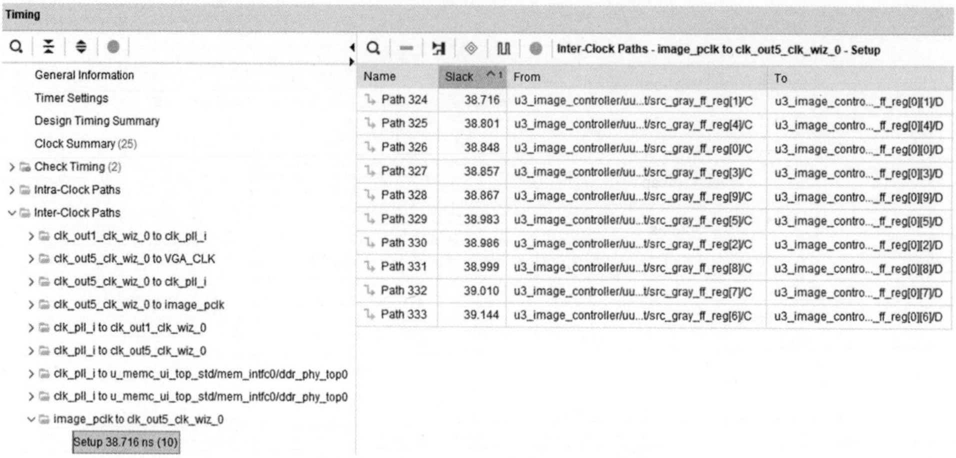

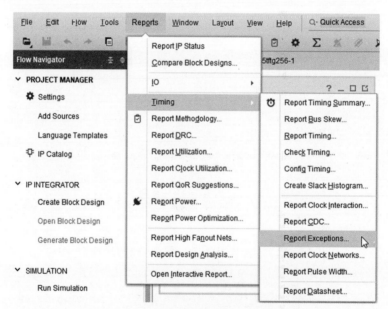

图 8.4　虚假路径约束后的时序报告

图 8.5　时序例外报告的查看菜单

若设计中不仅 image_sensor_vsync 信号所在的路径需要做虚假路径约束，从 image_pclk 时钟到 clk_out5_clk_wiz_0 时钟的所有跨时钟域路径也都需要做虚假路径约束，那么可以选定路径后右击，如图 8.8 所示，在菜单中选择 Set False Path→Source Clock to Destination Clock，做两个时钟域之间所有路径的虚假路径约束。

弹出的 Set False Path 约束页面，如图 8.9 所示，From 和 To 中显示的是两个时钟节点，它实际约束的是所有从 image_clk 时钟到 clk_out5_clk_wiz_0 时钟的数据路径，单击 OK 按钮添加约束。

图 8.6 Report Exceptions 的设置页面

Position	Setup	Hold	From	Through	To
5	false	false		-through [get_pins ...== PHASER_IN_PHY]]	
10	false	false		-through [get_nets -hi...delay_ctrl/sys_rst_i]]	
20	false	false	[get_pins u3_image...image_vsync_reg/C]		[get_pins {u3_image...ure/temp_reg[0]/D}]
21	false	false		-through [get_ports -...t_instance src_arst]	[all_registers]
22	false	false		-through [get_ports -...t_instance src_arst]	[all_registers]
23	false	false		-through [get_ports -...t_instance src_arst]	[all_registers]
24	false	false		-through [get_ports -...t_instance src_arst]	[all_registers]
25	false	false		-through [get_ports -...t_instance src_arst]	[all_registers]
26	false	false		-through [get_ports -...t_instance src_arst]	[all_registers]
39	false	false			[get_cells {syncstages_ff_reg[0]}]
40	false	false			[get_cells {syncstages_ff_reg[0]}]
41	false	false			[get_cells {syncstages_ff_reg[0]}]
42	false	false			[get_cells {syncstages_ff_reg[0]}]
43	false	false			[get_cells {syncstages_ff_reg[0]}]
44	false	false			[get_cells {syncstages_ff_reg[0]}]

图 8.7 例外约束报告

该约束产生脚本如下。

```
set_false_path –from [get_clocks image_pclk] –to [get_clocks –of_objects [get_pins u1_clk
_wiz_0/inst/mmcm_adv_inst/CLKOUT4]]
```

图 8.8　跨时钟路径的虚假路径约束菜单

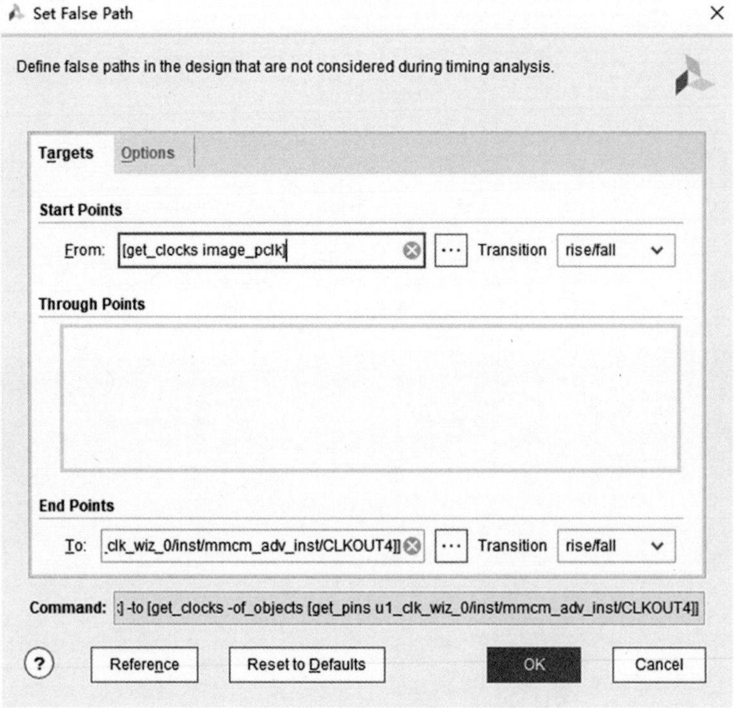

图 8.9　两个时钟路径的虚假路径约束

最终在 Exceptions 报告中,如图 8.10 所示,可以看到出现了 image_clk 时钟到 clk_out5_clk_wiz_0 时钟的虚假路径约束。

Timing						
Q ≒ ⇔ C	**◄ False Path**					
General Information	Position	Setup	Hold	From	Through	To
Summary	5	false	false		-through [get_pins ...== PHASER_IN_PHY]]	
∨ Exceptions	10	false	false		-through [get_nets -hi...delay_ctrl/sys_rst_i]]	
False Path (15)	20	false	false	[get_clocks image_pclk]		[get_clocks -of_obje..._adv_inst/CLKOUT4]]
Clock Groups (0)	21	false	false		-through [get_ports -...t_instance src_arst]	[all_registers]
Multicycle Path (6)	22	false	false		-through [get_ports -...t_instance src_arst]	[all_registers]
Max Delay (1)	23	false	false		-through [get_ports -...t_instance src_arst]	[all_registers]
Max Delay Data Path Only (8)	24	false	false		-through [get_ports -...t_instance src_arst]	[all_registers]
Min Delay (0)	25	false	false		-through [get_ports -...t_instance src_arst]	[all_registers]
∨ Ignored Objects	26	false	false		-through [get_ports -...t_instance src_arst]	[all_registers]
False Path (0)	39	false	false			[get_cells {syncstages_ff_reg[0]}]
Multicycle Path (364)	40	false	false			[get_cells {syncstages_ff_reg[0]}]
Max Delay (0)	41	false	false			[get_cells {syncstages_ff_reg[0]}]
Max Delay Data Path Only (0)	42	false	false			[get_cells {syncstages_ff_reg[0]}]
Min Delay (0)	43	false	false			[get_cells {syncstages_ff_reg[0]}]
	44	false	false			[get_cells {syncstages_ff_reg[0]}]

图 8.10 虚假路径约束后的时序报告

第9章

最大/最小延时约束

9.1　最大/最小延时约束语法

最大延时约束(set_max_delay)将覆盖默认的建立时间分析的最大路径延时值。最小延时约束(set_min_delay)将覆盖默认的保持时间分析的最小路径延时值。

set_max_delay 和 set_min_delay 通常不建议用于约束输入或输出引脚与内部寄存器之间(pin2reg 以及 reg2pin)的路径延时。而对于一些异步信号之间的路径,通常建议使用set_max_delay 和 set_min_delay 进行约束。例如,对于设计中的某两个异步时钟域之间的数据通信已经使用双寄存器锁存等方式进行同步了,就可以施加 set_false_path 或 set_clock_groups 约束关闭某两个异步时钟域之间的数据路径检查。然而,设计者仍然期望查看并确认这两个时钟域之间的时序路径延时,就可以使用 set_max_delay 和 set_min_delay进行约束(而不是使用 set_false_path 或 set_clock_groups 进行约束)。

最大路径延时(maximum delay)约束命令格式如下。

```
set_max_delay < delay > [ – datapath_only] [ – from < node_list >] [ – to < node_list >] [ – through
< node_list >]
```

最小路径延时(minimum delay)约束命令格式如下。

```
set_min_delay < delay > [ – from < node_list >] [ – to < node_list >] [ – through < node_list >]
```

- -from 指定约束路径的起始节点 < startpoints >。可以同时指定多个-from 节点。
- -to 指定约束路径的终止节点 < endpoints >。可以同时指定多个-to 节点。
- -through 指定约束路径所经过的节点 < pins│cells│nets >。可以同时指定多个-through 节点。

默认情况下,时序分析时也会将时钟偏斜(Clock Skew)计算在内。若不希望将时钟偏斜考虑在内,则可以使用-datapath_only 选项将其移除。-datapath_only 选项只能用于含有-from 选项的 set_max_delay 约束命令中,set_min_delay 约束命令中不能包含-datapath_ only 选项。包含 -datapath_only 选项的 set_max_delay 约束命令,会同时将此路径的保持时间检查设置为 false 路径,相当于同时对此路径自动生成了 set_false_path -hold 约束。也就是说,若对同一路径进行 set_min_delay 约束,将会被忽略。不包含 -datapath_only 选项的 set_max_delay 约束命令,则不会影响相同路径的保持时间检查。同一路径的 set_min_delay 约束不受任何影响。

9.2 最大/最小延时约束实例

实例 9.1:跨时钟路径的最大/最小延时约束

如图 9.1 所示,从开始节点 lcd_rfclr_reg/C 到结束节点 temp_reg[0]/D 是一个跨时钟域的数据路径,由于源时钟 clk_out5_clk_wiz_0(72.222MHz)到目的时钟 clk_pll_i(100MHz)默认以最坏的建立时间关系进行时序分析,所以 Requirement 只有 0.769ns,非常高的一个要求,导致最终时序失败,余量为 -1.360ns。

Summary	
Name	⬚ Path 328
Slack	-1.360ns
Source	▷ u5_lcd_driver/lcd_rfclr_reg/C (rising edge-triggered cell FDPE clocked by clk_out5_clk_wiz_0 {rise@0:000ns fall@6.923ns period=13.846ns})
Destination	▷ u4_ddr3_cache/register_diff_clk_dc2/temp_reg[0]/D (rising edge-triggered cell FDCE clocked by clk_pll_i {rise@0.000ns fall@5.000ns period=10.000ns})
Path Group	clk_pll_i
Path Type	Setup (Max at Slow Process Corner)
Requirement	0.769ns (clk_pll_i rise@70.000ns - clk_out5_clk_wiz_0 rise@69.231ns)
Data Path Delay	3.698ns (logic 0.456ns (12.330%) route 3.242ns (87.670%))
Logic Levels	0
Clock Path Skew	1.865ns
Clock Uncertainty	0.230ns

图 9.1 跨时钟路径的默认时序报告

而在实际的设计当中,lcd_rfclr 信号是 clk_out5_clk_wiz_0 时钟域的一个复位信号,它转换到 clk_pll_i 时钟域时,经过了如下设计模块的两级寄存器锁存,已经有了很好的跨时钟域保护(in_a 相当于节点 lcd_rfclr_reg/C,temp[0] 相当于节点 temp_reg[0]/D)。对于这种跨时钟域的数据路径,完全可以放宽约束。

```
module register_diff_clk(
        input clk,
        input rst_n,
        input in_a,
        output out_b
    );

reg[1:0] temp;
```

```
always @(posedge clk or negedge rst_n)
    if(!rst_n) temp <= 2'b00;
    else temp <= {temp[0],in_a};

assign out_b = temp[1];

endmodule
```

在这个例子中,可以使用 set_max_delay 和 set_min_delay 进行约束。如图 9.2 所示,在 Setup 路径的 Summary 列表中选中路径,然后右击,在弹出的菜单中选择 Set Maximum Delay→Startpoint to Endpoint 选项。

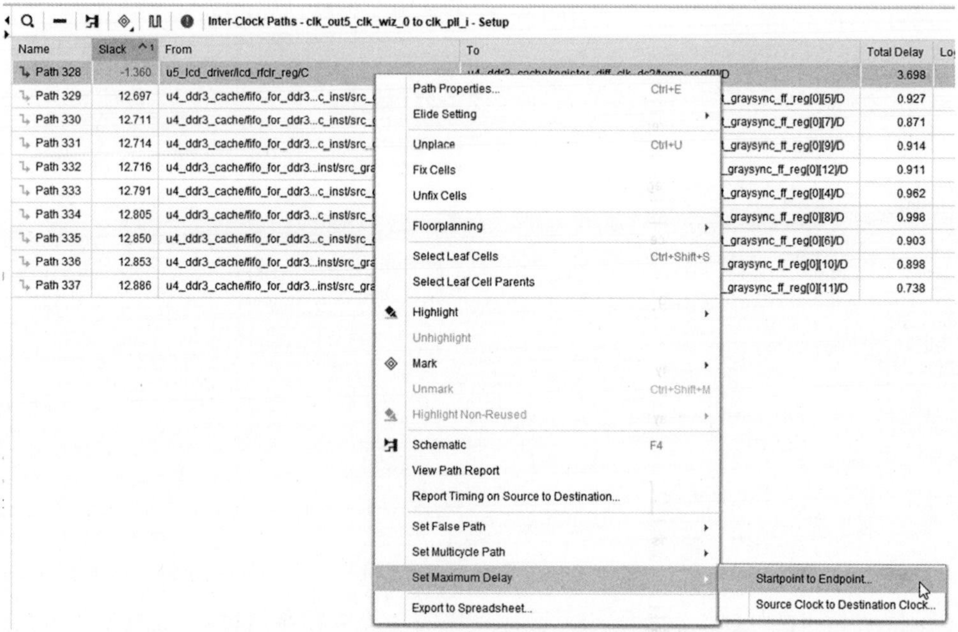

图 9.2　添加 set_max_delay 约束

如图 9.3 所示,弹出 Set Maximum Delay 配置页面后,From 和 To 中指定了约束路径的起始节点和结束节点,设定延时值为 50ns,单击 OK 按钮生成约束脚本。

同样的方式,如图 9.4 所示,在 Set Minimum Delay 配置页面中设定延时值为-5ns,单击 OK 按钮生成约束脚本。

生成约束脚本如下。

```
set_max_delay - from [get_pins u5_lcd_driver/lcd_rfclr_reg/C] - to [get_pins {u4_ddr3_cache/
register_diff_clk_dc2/temp_reg[0]/D}] 50.0

set_min_delay - from [get_pins u5_lcd_driver/lcd_rfclr_reg/C] - to [get_pins {u4_ddr3_cache/
register_diff_clk_dc2/temp_reg[0]/D}] - 5.0
```

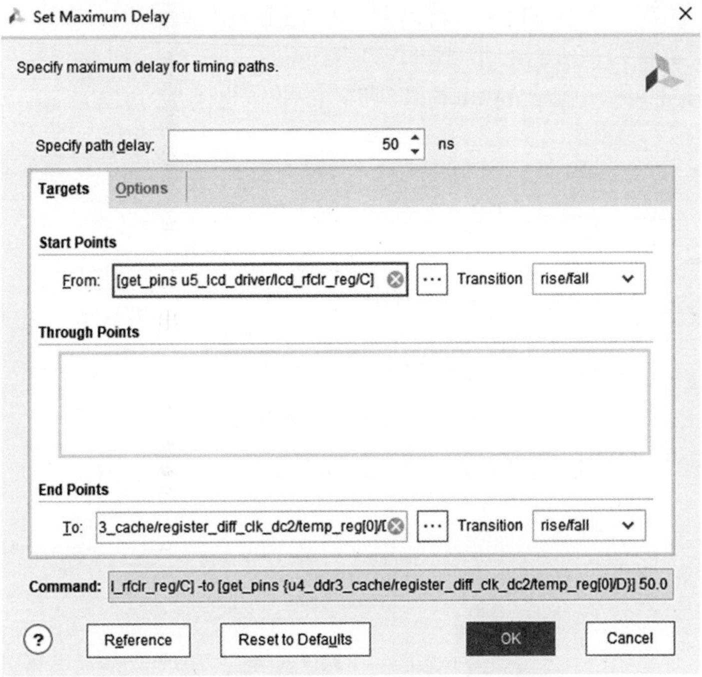

图 9.3 Set Maximum Delay 约束配置页面 1

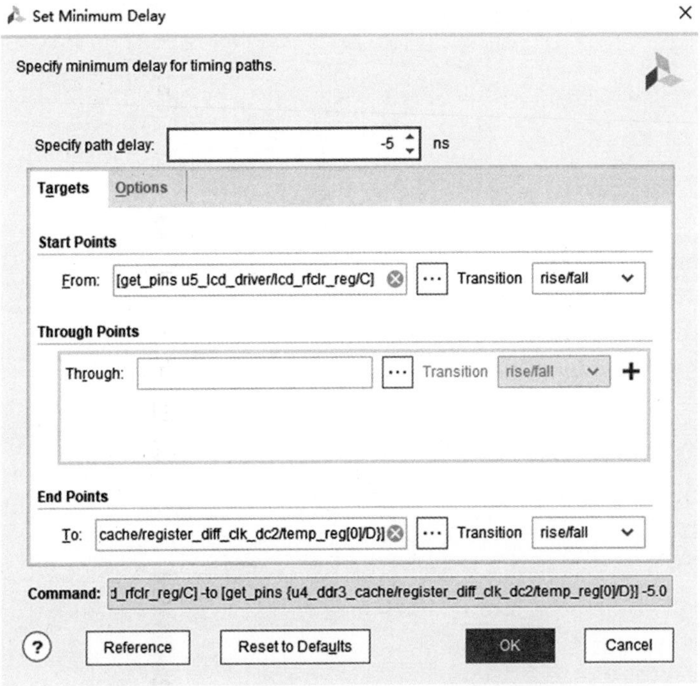

图 9.4 Set Minimum Delay 约束配置页面 2

施加约束并重新编译后，生成的新的建立时间和保持时间时序报告分别如图 9.5 和图 9.6 所示。可以看到，建立时间报告中的 Requirement 时间即 set_max_delay 约束的 50ns；保持时间报告中的 Requirement 时间即 set_min_delay 约束的−5ns。

Summary	
Name	Path 1807
Slack	49.043ns
Source	u5_lcd_driver/lcd_rfclr_reg/C (rising edge-triggered cell FDPE clocked by clk_out5_clk_wiz_0 {rise@0.000ns fall@6.923ns period=13.846ns})
Destination	u4_ddr3_cache/register_diff_clk_dc2/temp_reg[0]/D (rising edge-triggered cell FDCE clocked by clk_pll_i {rise@0.000ns fall@5.000ns period=10.000ns})
Path Group	clk_pll_i
Path Type	Setup (Max at Fast Process Corner)
Requirement	50.000ns (MaxDelay Path 50.000ns)
Data Path Delay	1.213ns (logic 0.175ns (14.431%) route 1.038ns (85.569%))
Logic Levels	0
Clock Path Skew	0.499ns
Clock Uncertainty	0.230ns
Timing Exception	MaxDelay Path 50.000ns

图 9.5　最大延时约束后的建立时间时序报告

Summary	
Name	Path 1808
Slack (Hold)	4.162ns
Source	u5_lcd_driver/lcd_rfclr_reg/C (rising edge-triggered cell FDPE clocked by clk_out5_clk_wiz_0 {rise@0.000ns fall@6.923ns period=13.846ns})
Destination	u4_ddr3_cache/register_diff_clk_dc2/temp_reg[0]/D (rising edge-triggered cell FDCE clocked by clk_pll_i {rise@0.000ns fall@5.000ns period=10.000ns})
Path Group	clk_pll_i
Path Type	Hold (Min at Slow Process Corner)
Requirement	-5.000ns (MinDelay Path -5.000ns)
Data Path Delay	2.226ns (logic 0.367ns (16.489%) route 1.859ns (83.511%))
Logic Levels	0
Clock Path Skew	2.642ns
Clock Uncertainty	0.230ns
Timing Exception	MinDelay Path -5.000ns

图 9.6　最小延时约束后的保持时间时序报告

实例 9.2：pin2pin 路径的最大/最小延时约束

在这个实例中，有一条这样的路径，它从 FPGA 输入引脚 rst_n 开始，在 FPGA 内部直连输出到引脚 mcu_rst_n 上。这条路径中，逻辑中没有任何寄存器，是一条 pin2pin 的路径。

这个实例的基本代码如下。

```
input rst_n;
output mcu_rst_n;

assign mcu_rst_n = rst_n;
```

如图 9.7 所示，在 Timing Constraints 界面展开约束分类 Exceptions→Set Maximum Delay，单击"＋"号即可弹出 Set Maximum Delay 约束设置页面。

弹出的 Set Maximum Delay 约束配置页面如图 9.8 所示，设置路径的起点 From 属性为引脚 rst_n，路径的终点 To 属性为引脚 mcu_rst_n，并设定延时值 Specify path delay 为 35ns。

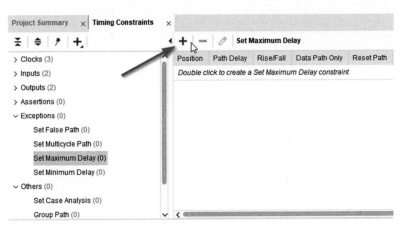

图 9.7 添加 Set Maximum Delay 约束

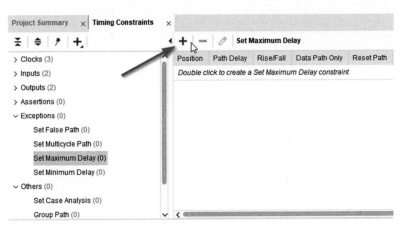

图 9.8 Set Maximum Delay 约束设置页面

如图 9.9 所示,在 Timing Constraints 界面展开约束分类 Exceptions→Set Minimum Delay,单击"+"号即可弹出 Set Minimum Delay 约束设置页面。

弹出的 Set Minimum Delay 约束配置页面如图 9.10 所示,设置路径的起点 From 属性为引脚 rst_n,路径的终点 To 属性为引脚 mcu_rst_n,并设定延时值 Specify path delay 为 1ns。

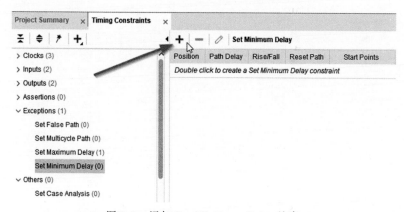

图 9.9 添加 Set Minimum Delay 约束

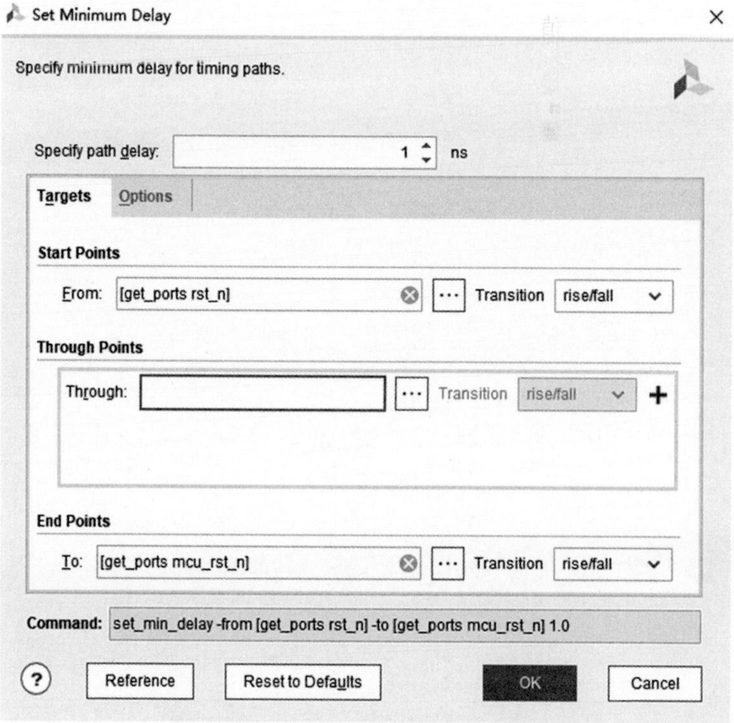

图 9.10 Set Minimum Delay 约束设置页面

生成约束脚本如下。

```
set_max_delay - from [get_ports rst_n] - to [get_ports mcu_rst_n] 35.0
set_min_delay - from [get_ports rst_n] - to [get_ports mcu_rst_n] 1.0
```

约束后,重新编译。Set Maximum Delay 约束路径的建立时间报告如图 9.11 所示,

Requirement 值即 Set Maximum Delay 约束的设置值 35ns。

图 9.11 Set Maximum Delay 约束路径的建立时间报告

Set Minimum Delay 约束路径的保持时间报告如图 9.12 所示。Requirement 值即 Set Minimum Delay 约束的设置值 1ns。

图 9.12 Set Minimum Delay 约束路径的保持时间报告

参 考 文 献

［1］ Sridhar Gangadharan，Sanjay Churiwala. 综合与时序分析的设计约束［M］. 北京：机械工业出版社，2018.

［2］ 吴厚航. 深入浅出玩转 FPGA［M］. 3 版. 北京：北京航空航天大学出版社，2017.

［3］ ug903_Using_Constraints［EB/OL］.（2020-08）［2021-06-01］. http://www. xilinx. com.

［4］ ug906_Design_Analysis_and_Closure_Techniques［EB/OL］.（2020-06）［2021-06-01］. http://www. xilinx. com.

［5］ ug949_UltraFast_Design_Methodology_Guide_for_the_Vivado_Design_Suite［EB/OL］.（2020-06）［2021-06-01］. http://www. xilinx. com.

［6］ ug1292_UltraFast_Design_Methodology_Timing_Closure_Quick_Reference_Guide［EB/OL］.（2016-05）［2021-06-01］. http://www. xilinx. com.

［7］ an433_Constraining_and_Analyzing_Source-Synchronous_Interfaces［EB/OL］.（2016-06）［2021-06-01］. https://www. intel. com/content/www/us/en/products/programmable. html.

［8］ Datasheet_EZ-USB_FX3_SuperSpeed_USB_Controller［EB/OL］.（2018-12）［2021-06-01］. https://www. cypress. com/.

［9］ Datasheet_SiT8021［EB/OL］.（2018-03）［2021-06-01］. https://www. sitime. com/.

［10］ Datasheet_M25P40［EB/OL］.（2002-12）［2021-06-01］. https://www. st. com/content/st_com/zh. html.

图书资源支持

感谢您一直以来对清华大学出版社图书的支持和爱护。为了配合本书的使用，本书提供配套的资源，有需求的读者请扫描下方的"书圈"微信公众号二维码，在图书专区下载，也可以拨打电话或发送电子邮件咨询。

如果您在使用本书的过程中遇到了什么问题，或者有相关图书出版计划，也请您发邮件告诉我们，以便我们更好地为您服务。

我们的联系方式：

地　　址：北京市海淀区双清路学研大厦 A 座 714

邮　　编：100084

电　　话：010-83470236　　010-83470237

资源下载：http://www.tup.com.cn

客服邮箱：tupjsj@vip.163.com

QQ：2301891038（请写明您的单位和姓名）

教学资源·教学样书·新书信息

人工智能科学与技术
人工智能|电子通信|自动控制

资料下载·样书申请

书圈

用微信扫一扫右边的二维码,即可关注清华大学出版社公众号。